使い方を広げて楽しもう

YouTube
活用大全

守屋恵一

技術評論社

■ご購入前にお読みください

【免責】

・本書に記載された内容は、情報の提供だけを目的としています。したがって、本書を用いた運用は、必ずお客様自身の責任と判断によって行ってください。これらの情報の運用の結果について、技術評論社および著者はいかなる責任も負いません。

・本書記載の情報は、特に断りのないかぎり、2023年1月現在のものを掲載しています。ご利用時には変更されている場合があり、本書での説明とは機能内容や画面図などが異なってしまうこともあります。本書ご購入の前に、必ずご確認ください。

・Webサイトやサービス内容の変更などにより、Webサイトを閲覧できなかったり、規定したサービスを受けられなかったりすることもあり得ます。

・本書は以下の環境で誌面作成をしています。ほかのエディションでは操作が異なったり、機能そのものがない場合もあります。あらかじめご了承ください。

Android（Pixel 5）のOS：Android 13
iPhone（iPhone13 Pro）のOS：iOS 15.7.1
パソコンのOS：Windows10

以上の注意事項をご承諾いただいた上で、本書をご利用願います。これらの注意事項をお読みいただかずに、お問い合わせいただいても、技術評論社および著者は対処しかねます。あらかじめ、ご承知おきください。

はじめに

YouTubeには、さまざまな動画が毎日大量に全世界から投稿されています。これまで、書籍や雑誌、新聞といった紙媒体でしか扱えなかった情報や、ブログやSNSなどテキストまたは写真中心のWebサイトで公開されていた情報が、今やYouTubeで発信される時代となっているのです。もはや企業の大規模プロモーションや政治家の活動でさえYouTubeを利用しないことは考えられず、個人の趣味の情報発信にもYouTubeは欠かせない存在となっています。

YouTubeへの動画投稿は、誰でもできます。料金はかからず、Googleアカウント以外に必要な条件はありません。スマホやパソコンなどの機材さえ用意すれば、今日からYouTubeに動画を投稿できるのです。

ただ、いざ自分で動画を投稿しようとすると、視聴するのとは異なり、知っておくべきことがいろいろあります。たとえば、スマホで撮影した動画は、音声が聞き取りにくくなることがあります。その場合は外付けのマイクが必要です。不快なコメントには、ほかの視聴者に読まれないよう、コメントを削除したり承認制にしたりする方法が用意されています。撮影した動画に、視聴者に見られたくないシーンがあれば、編集で削除するといいでしょう。こういったテクニックを知っておくことで、動画投稿がより手軽になり、かつ視聴者に動画を見てもらいやすくなります。

本書は、YouTubeの動画を見て楽しむための方法から、動画の投稿を行うための手順やテクニックまで詳しく紹介しています。動画を視聴するための基本操作から説き起こし、撮影した動画の投稿、簡単な動画編集、ライブ配信、再生数アップまで、その手順や考え方をわかりやすくまとめました。本書を読めば、自分が発信したい情報を的確な方法でまとめて、全世界に向けて公開できるようになるはずです。本書によって、1人でも多くの人がYouTubeを情報発信のツールとして使いこなせるようになることを願っています。

なお、本書は長年、筆者の編集・執筆作業を手伝ってくれ、友人でもあった久野由紀氏が執筆する予定でした。しかし、大変残念なことに2022年6月に病気で急逝したため、企画作成時から相談に乗っていた筆者が引き継いだものです。久野氏のご冥福を心よりお祈りし、本書を御霊前に捧げます。

守屋 恵一

目次 Contents

第10章 疑問やトラブルを解決する 231

本書の読み方

YouTubeの動画の視聴方法について手短に知りたい人は、第1章の003と004で画面構成を確認後、第2章を読んでください。

カメラやマイクなど撮影機材が揃っていなければ、第3章の002と003を先にチェックしてください。ゲーム実況やパソコン操作の解説動画は、006で画面のキャプチャ方法を学ぶことをお勧めします。

撮影できたら、Windows 10/11に初期導入済みの無料アプリ「ビデオエディター」の簡単な編集方法を第5章でマスターしてください。編集後の動画は、第3章の007と008を読めば、アップロードできるはずです。そのほか、ショート動画は第6章、ライブ配信は第7章を参照してください。

何本か動画をアップロードして公開できたら、第4章のチャンネル活用の部分を読むことをお勧めします。ここでの手順を実行すれば、投稿者がどんな人かを視聴者に伝えやすくなります。

なお、本書では、動画の視聴はスマホ中心に解説していますが、動画撮影後の手順については、Windows搭載のパソコンで解説しています。スマホアプリでは実現できない機能があり、また操作もしづらいためです。

第1章

YouTubeの基本を知る

Section 001 YouTubeとはどんなサービスか

本書ではYouTubeの使い方を解説していきますが、その前にYouTubeとはどんなサービスなのかを見ておきましょう。今では全世界に膨大なユーザーを抱えていますが、実はYouTubeはそれほど古いサービスではありません。

YouTubeは世界最大の動画共有サービス

YouTubeは、世界で最も利用者の多い動画共有サービスです。誰でも動画をアップロードし、そして視聴することができます。2005年に米国カリフォルニア州で設立されましたが、翌年にはGoogleに買収され、それ以来Googleの子会社としてサービスを提供しています。

ユーザーの動画視聴時間は毎日10億時間以上、視聴回数は数十億回にのぼります。世界100カ国以上に向けて、80もの言語でサービスを提供しており、毎分500時間以上の動画がアップロードされています。一生の時間を費やしても、とてもすべての動画を見ることはできない規模です。

YouTubeの登場以前は、一般の人が自分の撮影した動画を見てもらうには、ブログなどを開設し、そこにアップロードする方法がとられていました。投稿できる動画の時間は短く、視聴者もブログなどの来訪者に限られており、文字情報の補完としての意味合いが強かったといえます。

しかし、YouTubeの登場と利用者の増大によって、「一般の人が動画を公開する」「他人の制作した動画を視聴する」という習慣が一般的になりました。情報の流れが大きく変わったのです。

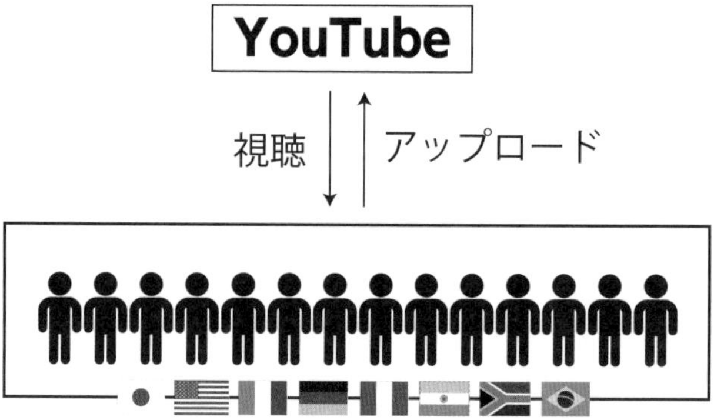

いろいろなジャンルの動画が視聴できる

YouTubeには、さまざまなテーマの動画がアップロードされています。政府など公的機関の発表やテレビ局が放送するニュース、大学で行われる講義、医師からの健康情報といった硬いものから、料理やキャンプのハウツー、ダンスや音楽の演奏、ペットや日常生活などの身近な話題まで、いろいろなテーマを取り上げた動画があります。今や情報インフラの1つだといっても過言ではありません。

動画の投稿者も幅広く、政府や大企業や有名タレントが投稿することもあれば、一般の人がアップロードした動画もたくさんあります。投稿者の住む地域も多岐にわたり、日本・米国・欧州といった先進国だけでなく、東南アジアや中南米などのユーザーも少なくありません。このように、非常にバラエティに富んだ動画が毎日アップロードされているのがYouTubeなのです。

ビジネスにも利用できる

YouTubeは、ビジネスにも活用できます。今や、宣伝手段として最初に考えるべきものの1つがYouTubeです。これは企業の規模に関係ありません。なにしろ、商品やサービスにまつわる動画を無料で全世界に向けて公開できるのです。使わない手はないでしょう。もちろん、多くの人に見てもらい、さらには商品やサービスの購入につなげるにはしかけが必要になりますが、大半の企業のマーケティング戦略にはYouTubeは不可欠なものとなっています。YouTubeでユーザーの興味を惹けば、実店舗やネットショップ、Webサービスなどに誘導できます。大企業から個人事業主まで、広く使える手法です。

また、YouTubeの動画そのものもビジネスになります。動画の再生数や再生時間が長くなると、広告収入が得られます。それを目当てにYouTubeに動画を投稿する人も近年爆発的に増えています。いわゆるYouTuberの出現です。

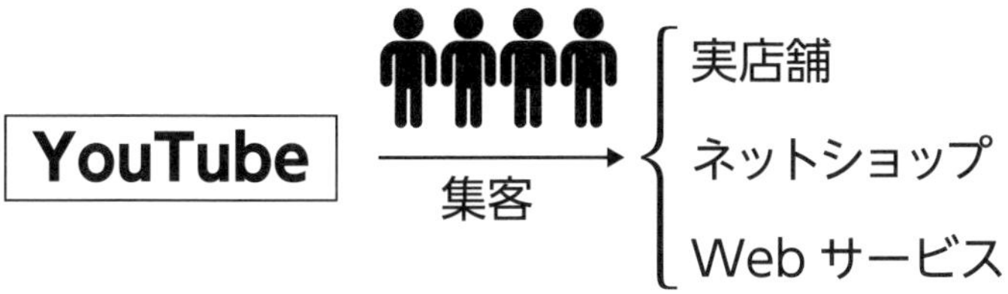

Section 002 スマホでYouTubeを利用するには

スマホでは、ブラウザーからYouTubeにアクセスすることもできますが、アプリを利用したほうが便利です。iPhoneの場合は、まずApp Storeからアプリをインストールする必要があります。

iPhoneにアプリをインストールする

❶ iPhoneのホーム画面で「App Store」をタップします。

❷「App Store」が起動したら、「検索」をタップします。

❸「検索」画面が表示されたら、上部の検索ボックスをタップします。

❹「YouTube」と入力し、「search」または「検索」をタップします。

❺ 検索結果が表示されたら「YouTube」をタップします。

❻ 詳細画面が表示されるので、「入手」をタップします。

❼ このような画面が表示された場合は「インストール」をタップし、次の画面でApple IDの認証を行います。

❽ インストールが完了すると、ホーム画面に「YouTube」のアイコンが追加され、タップすれば起動できます。

MEMO

Androidスマホならインストール不要

Androidスマホの場合、最初から「YouTube」アプリが搭載されているため、自分でインストールする必要はありません。ホーム画面またはアプリ一覧画面で「YouTube」のアイコンをタップすれば起動できます。

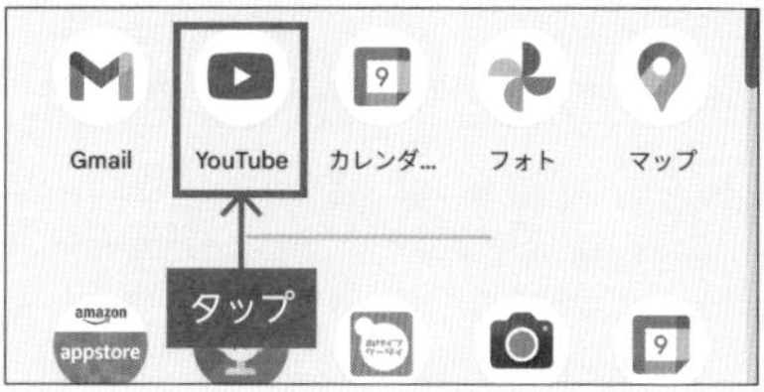

Section 003 スマホ版YouTubeの画面構成

YouTubeの具体的な使い方を知る前に、まずスマホ向けYouTubeアプリの画面構成を確認しておきましょう。ここではiPhone用アプリの画面を取り上げますが、Androidスマホでもほぼ同じです。

「ホーム」画面の構成と機能

ログイン前のホーム画面は、以下のようになっています。ログイン後に追加されるボタンもありますが、基本的には同じです。

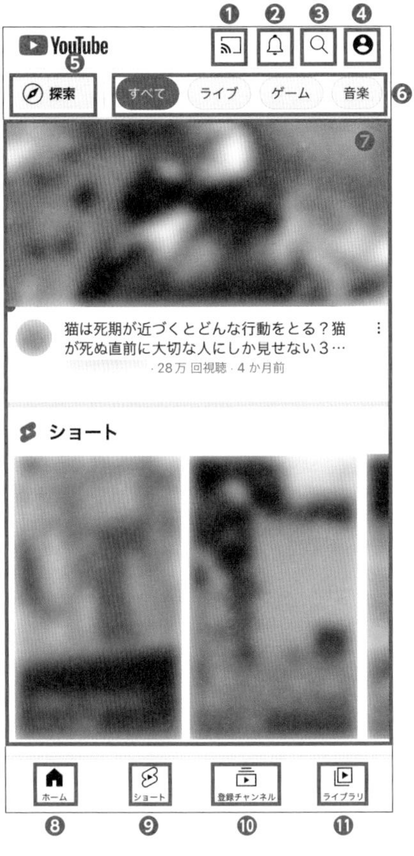

❶キャスト	再生中のYouTubeの動画を対応するデバイスで再生できます。
❷通知	登録したチャンネルの新着動画や、投稿したコメントへの返信などの情報が通知されます。
❸検索	キーワードを入力して動画を検索できます。
❹ログイン	Googleアカウントでログインするときに使います。
❺探索	現在、人気のある動画を表示できます。
❻ジャンル	一覧からジャンルを選ぶと、該当する動画が表示されます。
❼おすすめの動画	視聴履歴などに基づいたおすすめの動画が表示されます。
❽ホーム	ほかの画面からこの画面に戻ります。
❾ショート動画	人気のあるショート動画が表示されます。
❿登録チャンネル	登録したチャンネルの最新動画が表示されます。
⓫ライブラリ	再生履歴や再生リストなどが表示されます。

再生画面の構成と機能

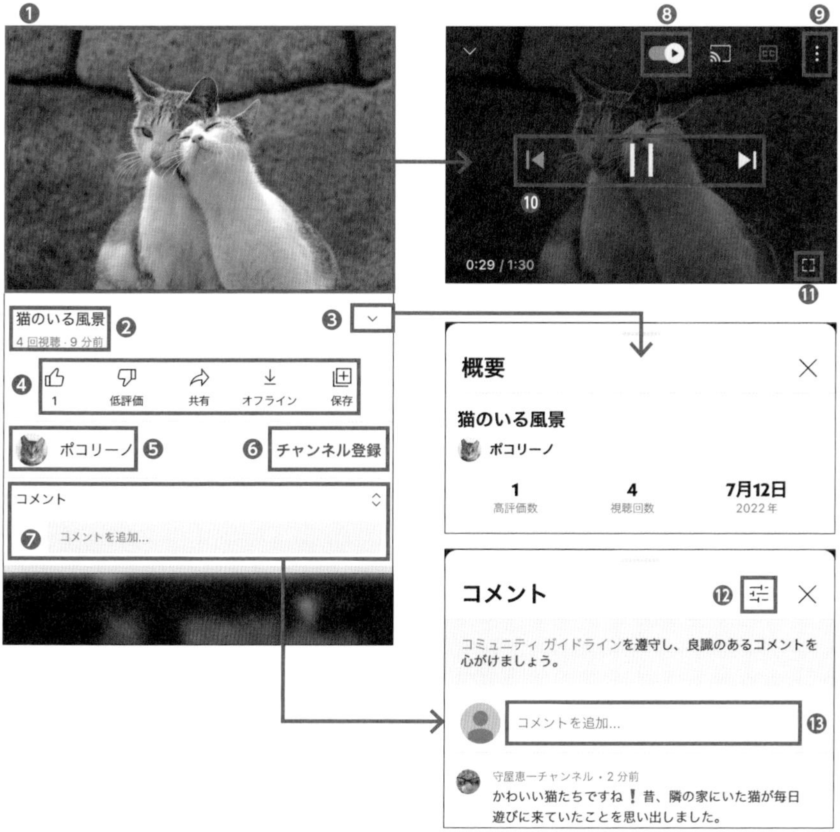

❶プレーヤー	動画を再生する画面です。一時停止や次のおすすめ動画への移動などの操作ができます。
❷タイトル	動画のタイトルや再生回数、投稿日が表示されます。
❸概要	動画の概要などが表示されます。
❹評価・共有など	高評価・低評価や、共有、オフライン再生、保存などの機能を利用できます。
❺投稿者	この動画を投稿したチャンネル名が表示されます。
❻チャンネル登録	視聴している動画のチャンネルを登録したいときに使います。
❼コメント	ほかのユーザーが投稿したコメントが表示されます。

❽自動再生	表示中の動画の再生が終了したあと、関連動画を続いて再生するかどうかを設定します。
❾設定	画質調整や再生速度変更などの設定を変更できます。
❿一時停止／移動	再生中の動画を一時停止したり、次の関連動画に移動したりできます。
⓫最大化	プレーヤーが最大化して動画が横画面で表示されます。
⓬コメント表示順変更	コメントの表示順を評価が高い順と新着順で切り替えられます。
⓭コメント投稿	コメントを入力して投稿できます。

Section 004 パソコン版YouTubeの画面構成

パソコンでYouTubeを利用するときは、ブラウザーを使ってアクセスします。ここでは、最初に表示される「ホーム」画面と、再生画面の構成を紹介します。スムーズに操作できるように、各部の名称や機能を覚えておきましょう。

「ホーム」画面の構成と機能

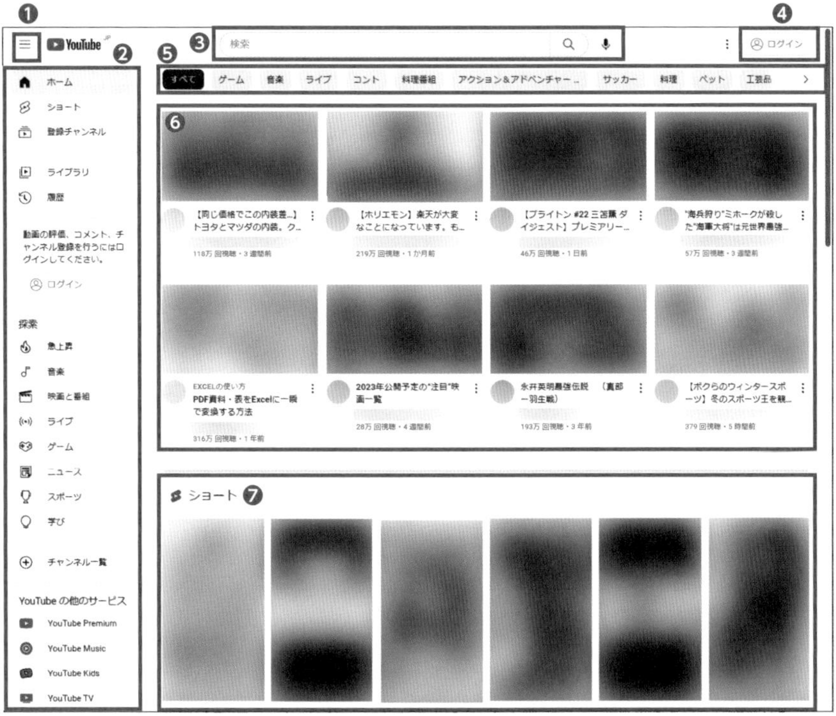

❶メニュー	クリックするとメニューの表示／非表示が切り替わります。
❷コンテンツ一覧	「履歴」や「ライブラリ」などを表示するときに使います。
❸検索	キーワードを入力して動画を検索できます。
❹ログイン	Googleアカウントでログインするときに使います。
❺ジャンル	一覧からジャンルを選ぶと、該当する動画が表示されます。
❻おすすめの動画	再生履歴などに基づいたおすすめの動画が表示されます。
❼ショート動画	人気のあるショート動画が表示されます。

再生画面の構成と機能

❶プレーヤー	動画を再生する画面です。下部のアイコンで、再生／一時停止などの操作や、再生方法に関する設定ができます。
❷タイトル	動画のタイトルや再生回数、投稿日が表示されます。
❸評価・共有など	高評価・低評価や、共有、保存などの機能を利用できます。
❹動画の情報	投稿者の名前や、動画の概要が表示されます。
❺コメント	動画に関するコメントを閲覧・投稿できます。
❻チャンネル登録	視聴している動画のチャンネルを登録したいときに使います。
❼関連動画	視聴中の動画に関連する動画のリストです。自動再生がオンになっている場合、リストの先頭にある動画が次に再生されます。

Section 005 ログインすればより便利に使える

YouTubeにログインしなくても、動画を再生することは可能です。しかし、ログインするといろいろな機能が利用できます。ログインすることで利用できる機能にはどんなものがあるのか、ここで確認しておきましょう。

ログインすると何が便利になるのか

YouTubeにログインして動画を再生すると、自分のアカウントに再生した記録が残ります。また、再生リストを作成したり、チャンネル登録したりなどのカスタマイズも可能になります。さらに、本書第3章以降で解説する動画投稿では、ログインは必須です。

再生履歴を表示する

ログインすると、自分が再生した動画のリストをあとから確認できます。以前に再生した動画を再度見たいときに便利です。

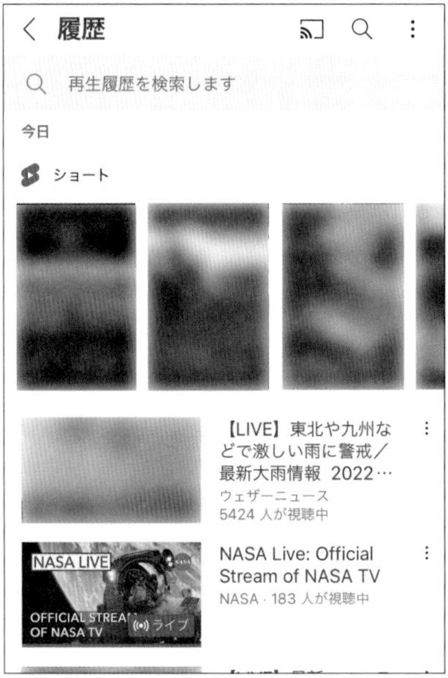

再生リストを表示する

特定のテーマについての動画を再生リストに登録しておくと、あとでその動画を見たくなったときに探しやすくなります。

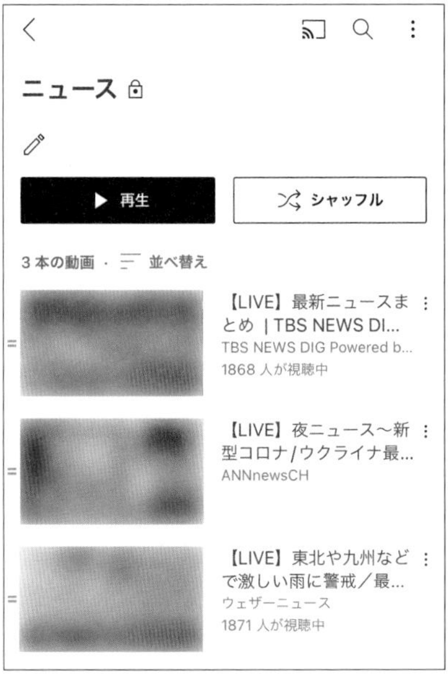

チャンネルを登録する

チャンネルを登録することで、そのチャンネルの動画がトップページのおすすめなどに表示されやすくなります。

コメントを投稿する

動画にコメントを投稿することで、動画の投稿者やほかの視聴者とのコミュニケーションを図ることができます。

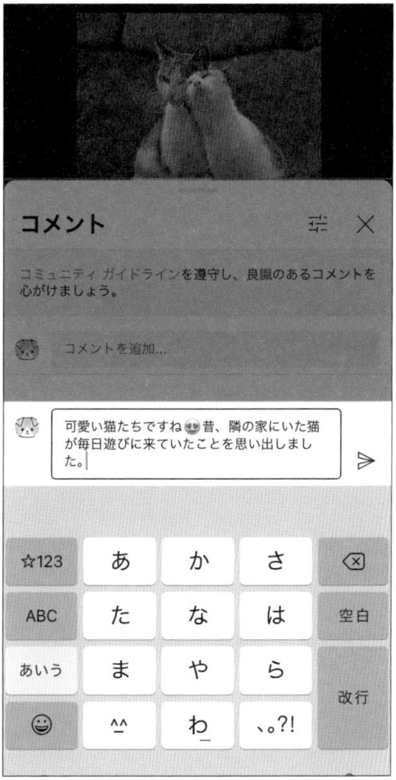

MEMO　そのほかのログイン後に使える機能

ログインせずにYouTubeにアクセスすると、YouTube全体で流行っている動画がおすすめに表示されます。一方、ログインした状態では自分の再生履歴やチャンネル登録などに基づいて選ばれた動画がおすすめされます。

そのほか、ログインしていれば、それぞれの動画に対して「高評価」または「低評価」を付けることができます。「高評価」を付けると、類似の動画がおすすめに表示されやすくなります。また、チャンネルのメンバー限定動画は、ログインしてメンバー登録しなければ再生できません。

Section 006 Google アカウントを作成する

YouTubeを便利に利用したいなら、Googleアカウントが必須です。Googleアカウントでログインすれば、動画の再生リストを作成したり、再生履歴をあとで参照したりできます。ここでは、Googleアカウントの作成方法を解説します。

iPhone で作成する

❶ ブラウザーで「accounts.google.com/signup」を表示して、名前や希望するユーザー名など必要な情報を入力して、「次へ」をタップします。

❷ 生年月日と性別を入力して「次へ」をタップします。

❸ 利用規約を読んで「同意する」をタップします。

❹ Googleアカウントを作成できました。

Androidスマホで作成する

Androidスマホでは、端末を使い始める際にGoogleアカウントを登録しているはずです。もしまだ登録していない場合は、「設定」アプリでアカウントを作成して登録します。

❶「設定」アプリを開いて「Google」をタップし、「Googleアカウントにログイン」をタップします。

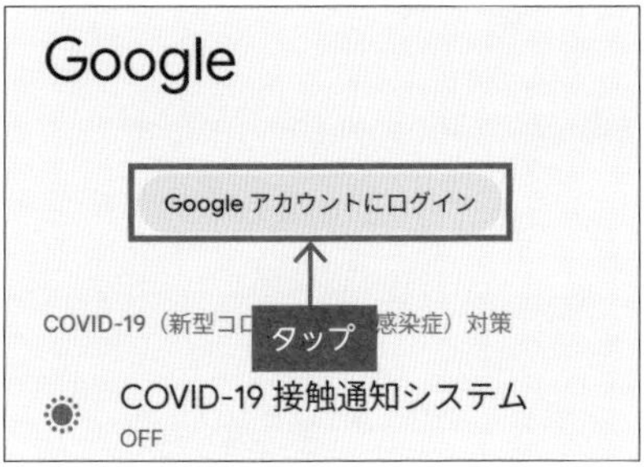

❷ 画面下の「アカウントを作成」から「自分用」をタップして、画面の指示にしたがって名前、生年月日、性別を入力します。

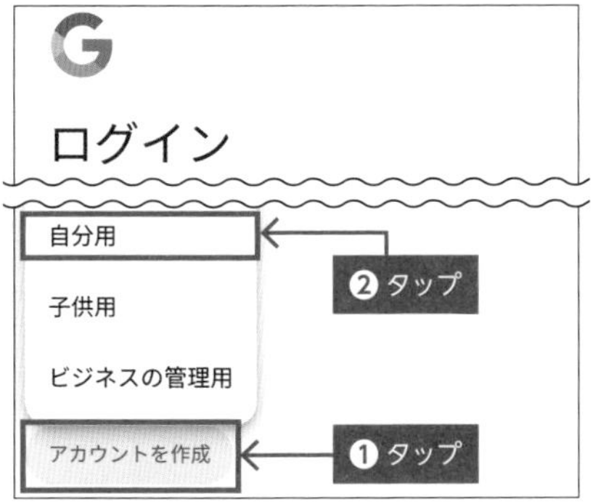

❸ 表示されているGmailアドレスの候補から選択するか、「自分でGmailアドレスを作成」をタップして好きな文字列を入力します。

❹ 正しく入力できたら、設定したGmailアドレスが表示されます。「次へ」をタップしてGoogleアカウントの作成手順は終了です。

MEMO

パソコンではブラウザーで作成する

パソコンでのGoogleアカウントの作成手順は、iPhoneでの手順とほぼ同じです。ブラウザーで「accounts.google.com/signup」にアクセスして、名前やユーザー名、パスワードなど必要事項を入力します。あとは、画面の指示にしたがって操作します。

Section 007

YouTube にログイン／ログアウトする

Googleアカウントが作成できたら、YouTubeにログインしましょう。ここではiPhoneを例に方法を説明します。Androidの場合、通常は自動的にログインが行われますが、再ログインする際などは以下の手順を参考にしてください。

YouTube にログインする

❶ 画面右上にある「アカウント」アイコンをタップします。

❷「ログイン」をタップし、このあと表示される画面で「続ける」をタップします。

❸ 自分のGoogleアカウントを入力し、「次へ」をタップします。

❹ パスワードを入力して、「次へ」をタップします。入力内容が正しければ、ログインが完了します。

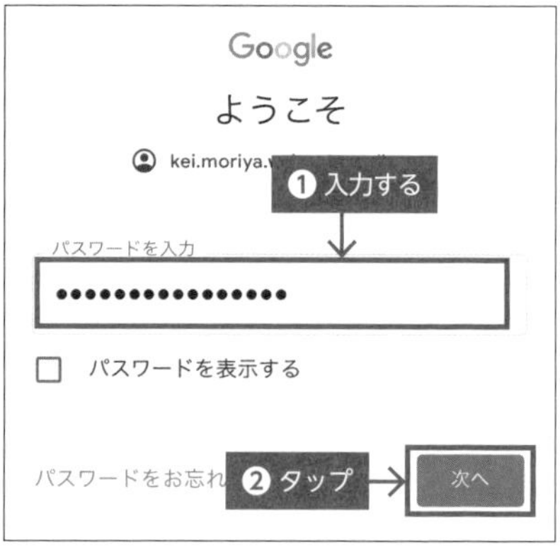

YouTubeからログアウトする

誰かにスマホを貸すときなど、YouTubeの履歴や登録チャンネルといった個人情報を知られたくない場合は、ログアウトしておくと安心です。

❶ 画面右上のアカウントアイコンをタップします。

❷ 表示される画面で、使用中のアカウント名をタップします。

❸ iPhoneの場合は「ログアウト状態でYouTubeを使用する」をタップします。Androidの場合は「ログアウト」をタップしましょう。

MEMO

パソコン版YouTubeでログイン／ログアウトする

パソコンでYouTubeにログインするには、画面右上の「ログイン」をクリックし、表示される画面でGoogleアカウントとパスワードを入力します。ログアウトするには、アカウントのアイコンをクリックし、表示されるメニューで「ログアウト」をクリックします。

▼ログインする

▼ログアウトする

Section 008 自分のチャンネルを作成する

YouTubeにログインすれば、再生リストやチャンネル登録などの機能が使えます。しかし、コメントや動画を投稿したいなら、自分の「チャンネル」を作成する必要があります。ここでは、パソコンの操作を取り上げます。

パソコンでチャンネルを作成する

❶ まだ一度もチャンネルを作成していない場合は、まずチャンネルを作成します。アカウントアイコンをクリックし、「チャンネルを作成」をクリックします。

❷ 名前を入力して、「チャンネルを作成」をクリックします。アイコンを変更したい場合は「画像をアップロード」をクリックして、アイコン用の画像をアップロードします。

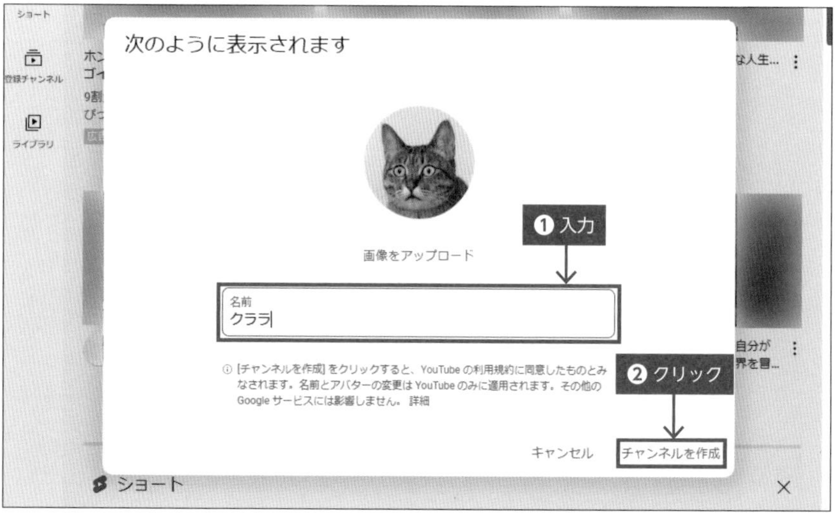

パソコンでチャンネルを追加する

1つのGoogleアカウントに対して複数のチャンネルを作成できます。長期間、YouTubeを利用していると、登録したチャンネルや作成した再生リストが増えてきて、使いづらく感じることもあります。そんなときは、チャンネルを複数作成して、用途ごとにチャンネルを使い分けるといいでしょう。

❶「https://www.youtube.com/channel_switcher」にアクセスすると、チャンネル一覧が表示されます。「チャンネルを作成」をクリックします。

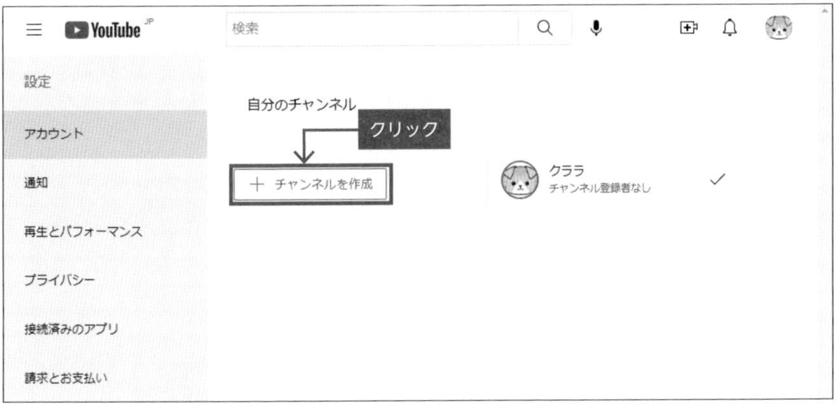

❷「チャンネル名」にチャンネルの名前を入力します。コメント投稿時には、このチャンネル名が投稿者名として表示されます。入力して、チェックボックスをタップしてオンにできたら「作成」をクリックします。

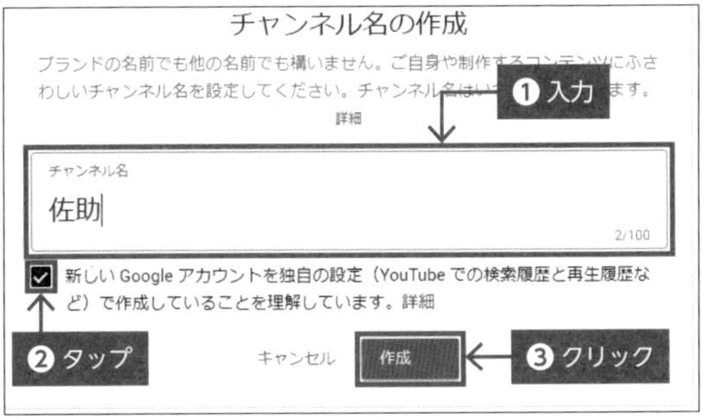

MEMO

チャンネルを削除する

不要になったチャンネルは、削除することができます。「https://myaccount.google.com/brandaccounts」にアクセスして、「ブランドアカウント」をクリックし、「アカウントを削除」をクリックします。なお、画面では「ブランドアカウント」と表示されますが、以前は業務で使い分けるために「ブランドアカウント」という機能が提供されていました。現在は、YouTubeのチャンネルにしか使われていません。

Section 009 YouTube Premiumとは

YouTubeは大半の動画を無料で視聴できますが、気になるのが広告です。動画の冒頭や途中でいきなり広告が流れてくるので、うっとうしく感じる人も多いでしょう。そこでおすすめしたいのがYouTube Premiumです。

ヘビーに使うなら加入したい有料コース

YouTube Premiumは、月額1180円（毎月支払いの場合）の有料コースです。加入するとほとんどの広告が非表示になり、視聴がスムーズになるため、YouTubeのヘビーユーザーなら検討する価値があります。そのほか、いくつかYouTube Premium専用の機能があるので、紹介しましょう。

なお、Googleアカウントごとに適用されるので、複数のチャンネルを持っている場合、チャンネルすべてでYouTube Premiumが有効になります。

❶ YouTube Premiumに加入すると、ほぼすべての広告が非表示になります。つまり、動画のサムネイルをクリックすると、すぐに動画本編の再生がスタートします。この機能だけでもYouTube Premiumを契約する価値があります。

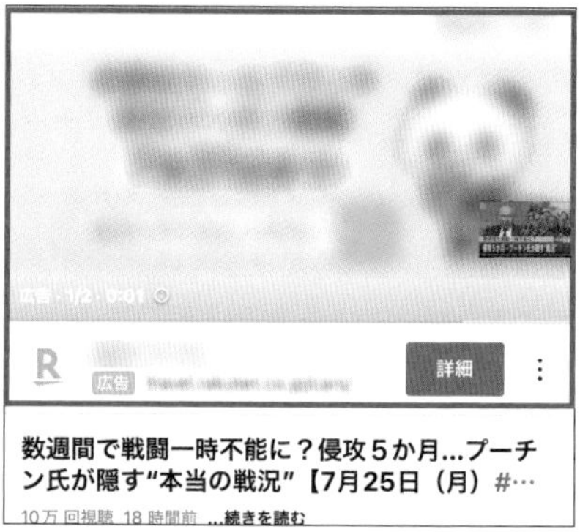

❷ スマホがスリープ中も動画再生を続けることができます。ロック画面には、再生コントロールが表示されます。ここで音量調整や早送り、巻き戻しなど再生位置の変更も可能です。

❸ 動画のデータ容量は大きいので、5G/4Gなどの携帯電話回線を使っていると、YouTubeの視聴でデータ通信量が多くなりすぎることがあります。そこで、YouTube Premiumの一時保存機能を使うと、自宅などでWi-Fi回線を使ってスマホにダウンロードしておき、外出先ではそれを再生することでデータ通信量を節約できます。

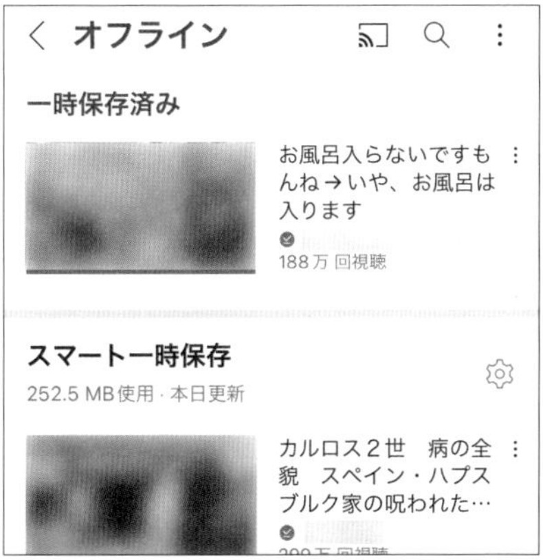

❹ YouTube Premiumに加入すると、自動的にYouTube Music Premiumの機能が使えるようになり、YouTube Musicを広告なしで聴くことができます。なお、YouTube Music Premiumを申し込むと月額980円で利用できますが、YouTubeの広告非表示などの機能はありません。

❺ YouTubeには、YouTubeが独自制作したコンテンツ「YouTube Originals」もあります。ドキュメンタリーを中心に多くの動画が公開されていますが、残念ながら、ほとんどが英語のコンテンツです。

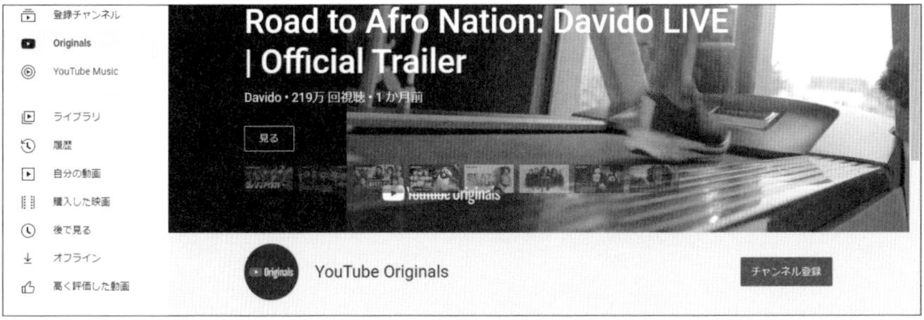

YouTube Premium にスマホで加入する

YouTube Premium は、月額1180円（年間一括だと1万1800円）で利用できます。加入申し込みはスマホ、パソコンのいずれからも可能です。ただし、iOS の「YouTube」アプリから加入すると月額1550円になってしまうので、iPhone や iPad から申し込む際はブラウザーアプリの「Safari」を利用しましょう。なお、「Chrome」アプリで申し込むと「YouTube」アプリにリダイレクトされてしまいます。

❶ iPhone では Safari で、Android スマホでは「YouTube」アプリで右上のアイコンをタップします。

❷「YouTube Premium に登録」をタップして手続きを進めます。

YouTube Premium にパソコンで加入する

パソコンでYouTube Premium に加入するには、ブラウザーでYouTube にアクセスし、右上の自分のアイコンをクリックして「購入とメンバーシップ」をクリックします。次に「YouTube からのオファー」画面で「詳細」をクリックします。次の画面で「使ってみる（無料）」をクリックすれば、無料お試しが開始します。

第2章

動画の再生機能を使いこなす

Section 001 見たい動画を探して再生する

「YouTube」アプリを起動すると、視聴した動画や高評価した動画、登録したチャンネルの動画などが優先的に表示されます。ここでは、再生回数の多い動画や特定のテーマに沿った動画を探したいときの手順を解説します。

おすすめの動画を再生する

YouTubeで最近よく再生されている、おすすめの動画を視聴したいときは「探索」から探します。

❶ YouTubeで話題になっている動画を見たいときは、「YouTube」アプリのホームで「探索」をタップします。

❷ 「急上昇」「音楽」「ライブ」「ゲーム」「ニュース」「スポーツ」「学び」の7つのジャンルが表示されるので、見たいジャンルをタップします。ここでは「ニュース」を見てみます。

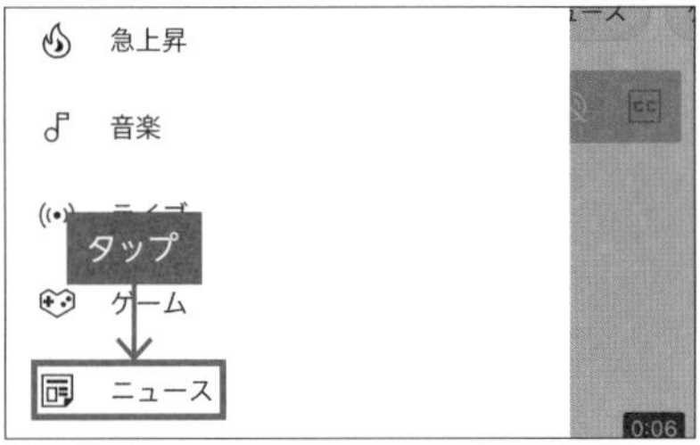

❸ さまざまなジャンルのニュースを集めたチャンネルが表示されました。スクロールして、サムネイルをタップすればニュースを再生できます。また、通常のチャンネル同様、「チャンネル登録」をタップすれば、チャンネル登録も可能です。

❹ サブチャンネルをチェックしたいときは、画面上部の「チャンネル」をタップします。

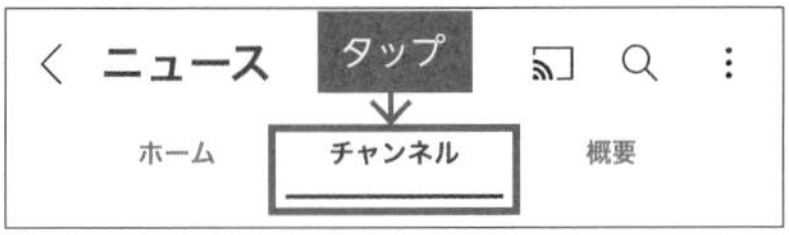

見たい動画を検索する

見たい動画がどんなものか決まっていれば、キーワード検索を行います。Google検索ほどの精度はありませんが、ある程度までは動画を絞り込むことができます。

❶ ホーム画面で虫眼鏡型アイコンをタップします。

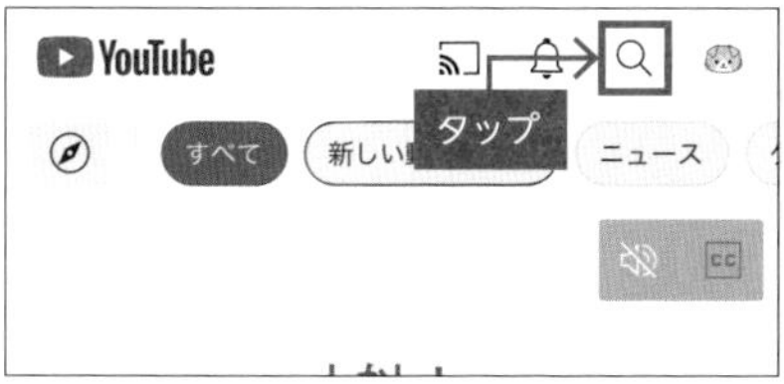

❷ 検索ボックスをタップして、見たい動画に関するキーワードを入力します。

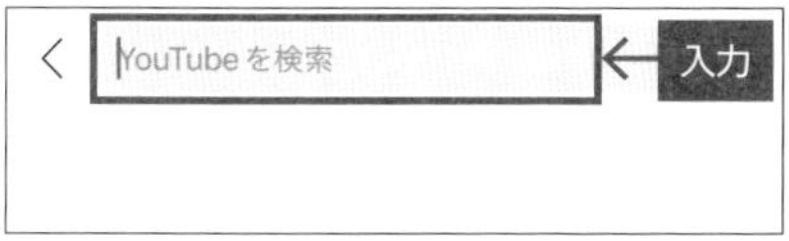

❸ キーワードが入力できたら、「検索」をタップします。

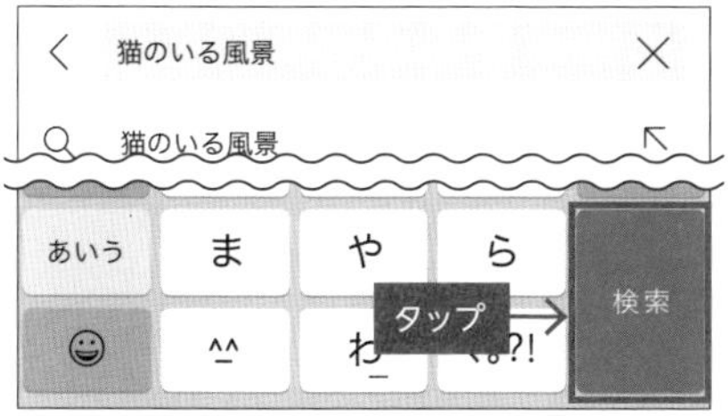

❹ 見たい動画が見つかったら、サムネイル画像をタップして再生画面で視聴します。

❺ 個別の再生画面に移行しなくても、検索結果の画面でしばらく待っていると、動画の再生が始まります。サムネイル上でドラッグすれば、再生位置を前後に移動することも可能です。

MEMO

パソコンで見たい動画を探す

見たい動画の探し方は、パソコンの画面でもほぼ同じです。YouTubeのトップページで「探索」をクリックすれば、スマホとほぼ同じ画面が表示され、おすすめ動画を視聴可能です。

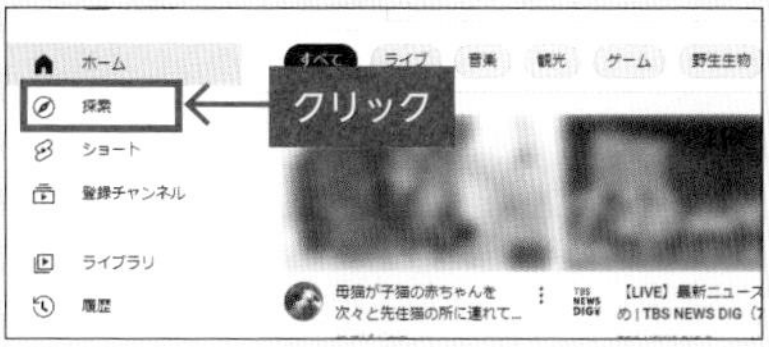

Section 002 詳細な条件を指定して動画を絞り込む

検索にヒットした動画がたくさんある場合、順番に見ていては時間がかかってしまいます。そんなときは、フィルターを設定して並べ替えれば、見たい動画が見つけやすくなります。

フィルターで検索結果を絞り込む

❶ 検索結果を絞り込むには、画面右上の「⋮」をタップします。

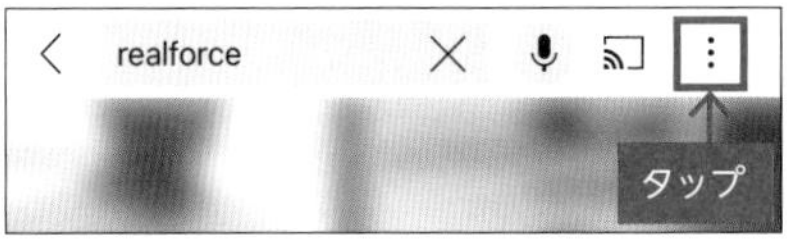

❷ 画面下に表示された「検索フィルタ」をタップします。

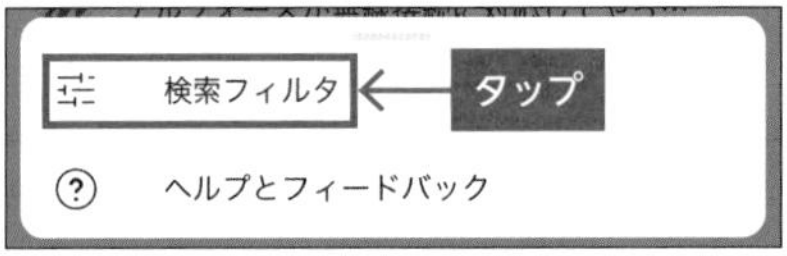

❸ 絞り込むための条件が表示されるので、適用したいものをタップします。

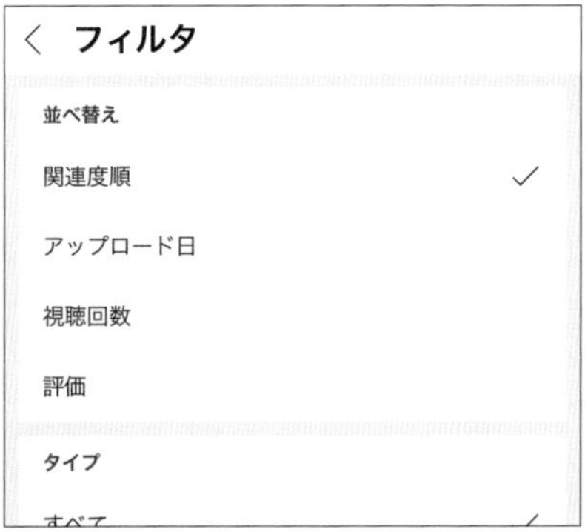

新しい動画から順番に表示する

❶ 検索結果は、初期状態では関連度順で表示されています。新しい動画から順番に表示したいときは「並べ替え」から「アップロード日」をタップします。

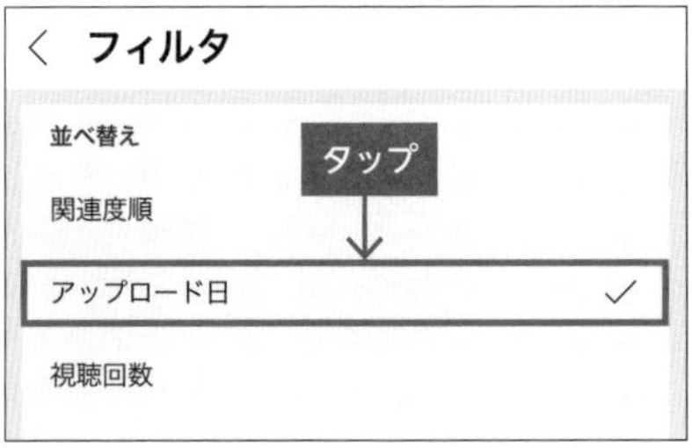

❷ アップロード日が新しい動画が上に表示されるようになります。

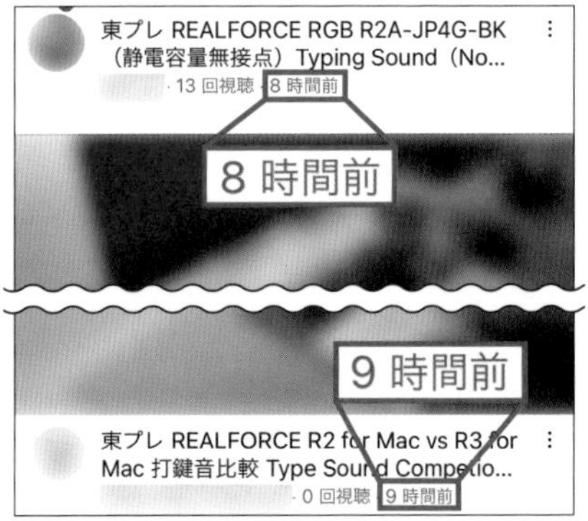

長い動画を検索する

❶ ここでは20分以上の長めの動画に絞り込んでみます。「時間」から「20分以上」をタップします。

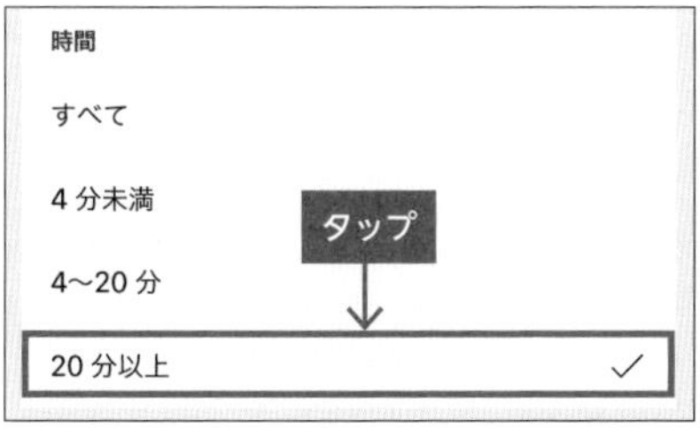

❷ 検索結果を20分以上の動画に絞り込むことができます。

パソコンで検索結果を絞り込む

パソコンで検索結果を絞り込むには、検索結果の画面で「フィルタ」をクリックし、表示された条件から適用したいものをクリックします。

MEMO　アップロード時期を細かく指定して検索する

もっと細かく時期を絞り込みたいときは、「before」または「after」を利用します。たとえば、2013年12月31日以前にアップロードされた動画を表示したいなら、検索キーワードのあとに半角スペースを挟んで、「before:2013-12-31」と入力して検索します。もし2021年にアップロードされた動画を検索したいなら、検索キーワードに続けて「before:2022-01-01 after:2020-12-31」とします。なお、このフレーズはスマホでもパソコンでも同様に使えます。

Section 003 動画の画質・再生速度・字幕を設定する

YouTubeには、さまざまな再生機能が用意されています。より快適にYouTubeの動画を楽しむには、画質や再生速度の調整、字幕のオン／オフなど、自分の好みに合わせて調整しましょう。

動画の画質を設定する

動画が高画質な場合、動画のダウンロードや表示が間に合わず、スムーズに再生できないことがあります。そういうときは動画の再生画質を下げます。

❶ 動画の再生画面のどこかをタップすると、半透明のアイコンなどがいくつか表示されます。そこで、右上の歯車型アイコンをタップします。

❷ 表示されたメニューで、「画質」をタップします。

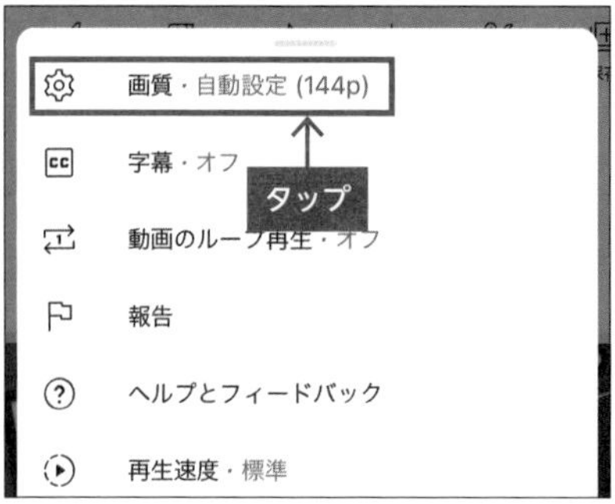

❸ 画質の選択肢が4つ表示されます。「高画質」をタップすると現在より高画質に、「データセーバー」なら低画質に、「詳細設定」なら解像度を自分で選択できます。なお、今後すべての動画の再生画質を変更したいときは「[設定] ＞ [動画の画質設定]」をタップします。

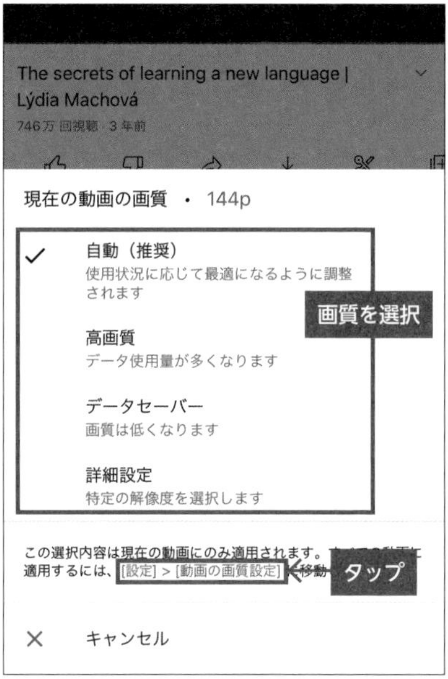

字幕の言語を変更する

❶ 字幕を表示するには、再生画面をタップしてアイコンを表示し、「CC」というアイコンをタップします。言語を変更するには、右隣の歯車型アイコンをタップします。

❷ 設定メニューの「字幕」をタップして、次の画面で設定したい言語をタップします。

動画の再生速度を変更する

❶ 再生画面で歯車型アイコンをタップして設定メニューを表示し、「再生速度」をタップします。

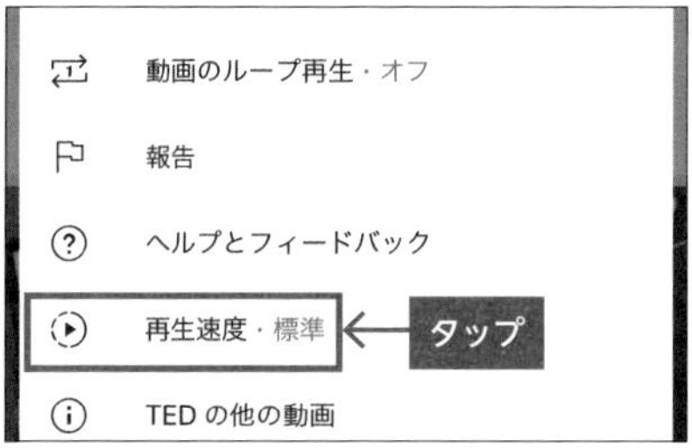

❷ 0.25倍速から2倍速までのいずれかをタップすれば、再生速度を変更できます。

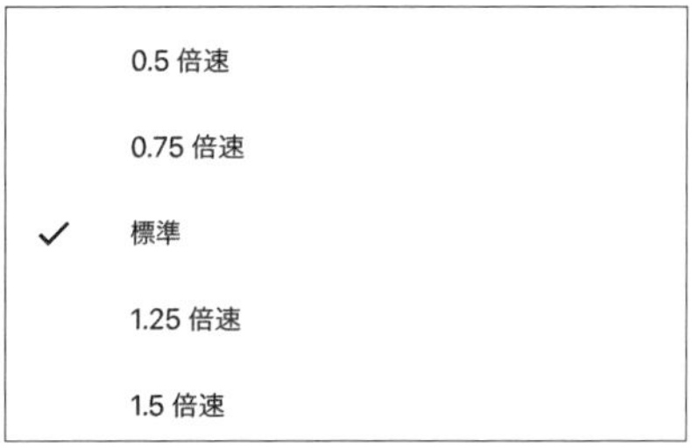

MEMO

パソコン版YouTubeで字幕や再生速度を設定する

パソコン版YouTubeでは、マウスポインターを再生画面上に移動すれば、設定のアイコンが表示されます。歯車型アイコンをクリックすれば、次のメニューで画質や再生速度などを設定できます。左のアイコンをクリックすれば、字幕表示のオン／オフを切り替えられます。

Section 004 動画に評価を付ける

動画再生画面では、高評価または低評価を付けることができます。評価を付けることで投稿者に対して動画の評価を伝えられると同時に、自分が高評価を付けた動画がどれか、あとから知るのにも役立ちます。

スマホで高評価または低評価を付ける

動画投稿者の設定によって、高評価をタップした人の数の表示／非表示が変わります。一方、低評価の数は通常表示されません。高評価をタップすると、おすすめの動画に類似の動画が表示されやすくなります。なお、高評価または低評価をタップした人の数は動画投稿者に表示されますが、誰が評価したかはわかりません。

❶ 動画再生画面で、サムズアップのアイコンをタップすると高評価、サムズダウンをタップすると低評価を付けることができます。サムズアップアイコンの右の数字は、高評価をタップした人の数です。

❷ 動画投稿者の設定によっては、高評価の数が表示されないこともあります。

高評価した動画を探す

高評価を付けた動画をあとから探したいときは、「ライブラリ」をタップして「高く評価した動画」をタップします。すると、高評価を付けた動画のサムネイルが表示されます。

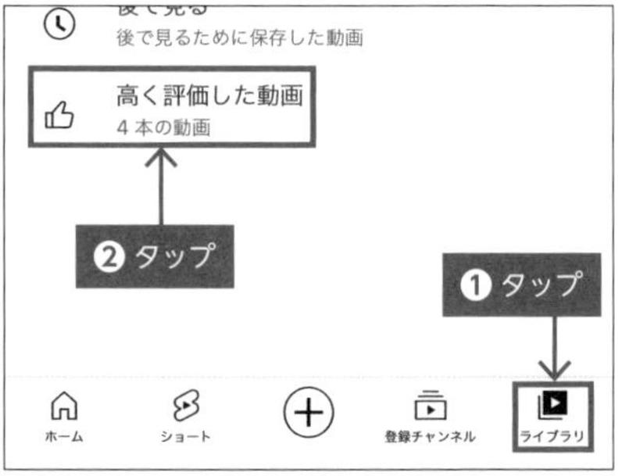

パソコンで動画に評価を付ける

❶ パソコンで動画に高評価または低評価を付ける場合も、スマホと同様に動画再生画面でサムズアップまたはサムズダウンのアイコンをタップします。

❷ 高評価を付けた動画を探したいときは、画面左のメニューで「高く評価した動画」をクリックするか、「ライブラリ」をクリックして下にスクロールすれば「高く評価した動画」が表示されます。

MEMO　パソコン版YouTubeで低評価数を表示する

2021年11月頃から低評価数は表示されなくなりました。どうしても知りたい場合は、Chrome用拡張機能「Return YouTube Dislike」をインストールすると表示されます。なお、本稿執筆時点では利用できますが、将来使えなくなる可能性もあります。

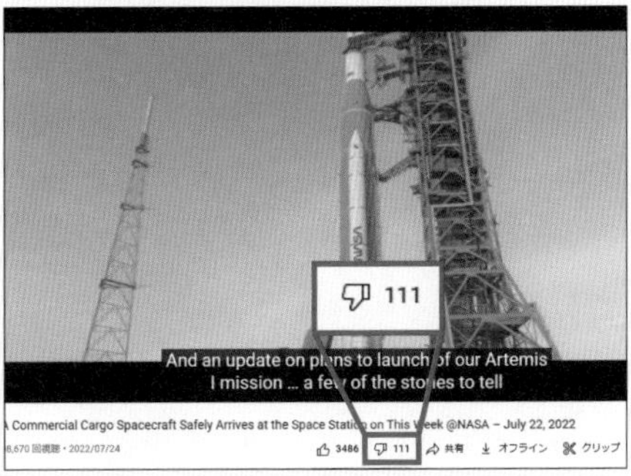

Section 005 動画にコメントを書き込む

　動画に感想や意見を書きたいときは、コメントを書き込んでみましょう。動画の投稿者やコメントを投稿した人たちの間で意見交換できることもあります。また、自分が投稿した動画には特別なコマンドを利用できます。

動画にコメントを投稿・編集する

❶ コメントを投稿するには、動画再生画面の「コメントを追加」をタップします。

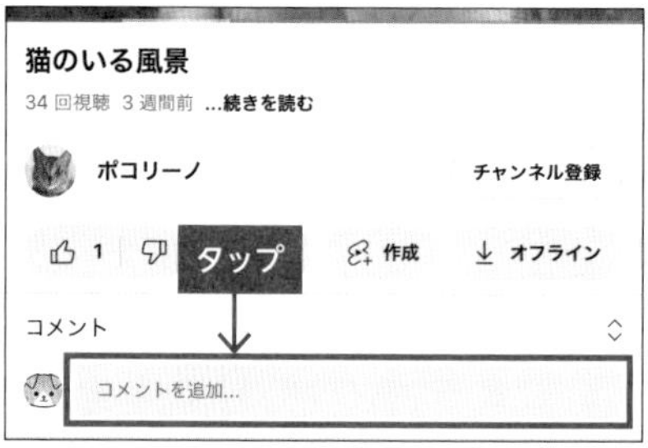

❷ 投稿したいコメントを入力できたら、右のアイコンをタップして投稿します。

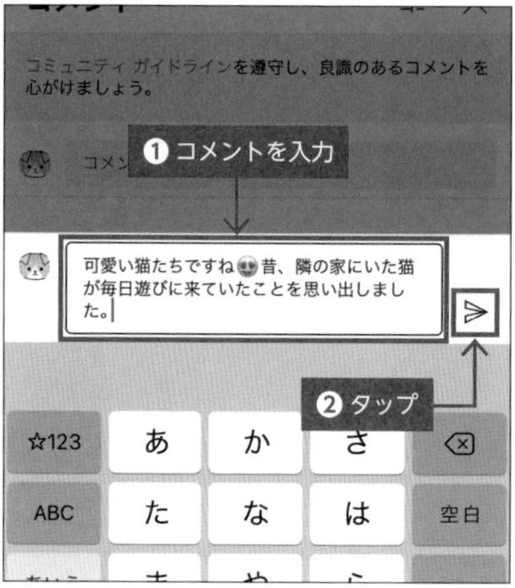

❸ 投稿したコメントを編集するには、コメント右上の「⋮」をタップします。

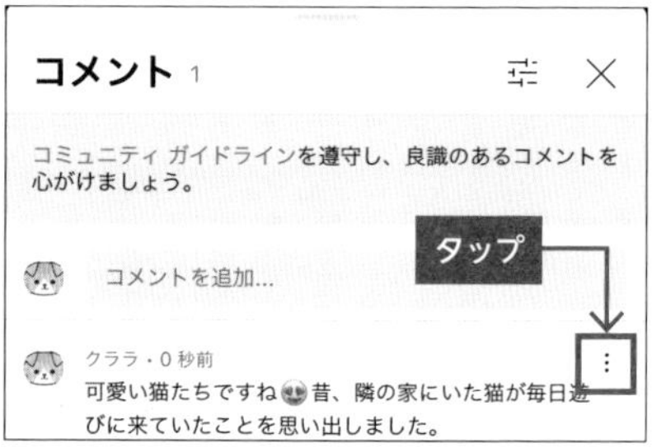

❹「編集」をタップすれば、コメントの入力欄が表示されるので、そこでコメントを編集できます。編集が終わったら、手順❷同様、右のアイコンをタップして再度投稿します。編集したコメントには、「(編集済み)」と表示されます。また、コメントを削除したいときは「削除」をタップします。

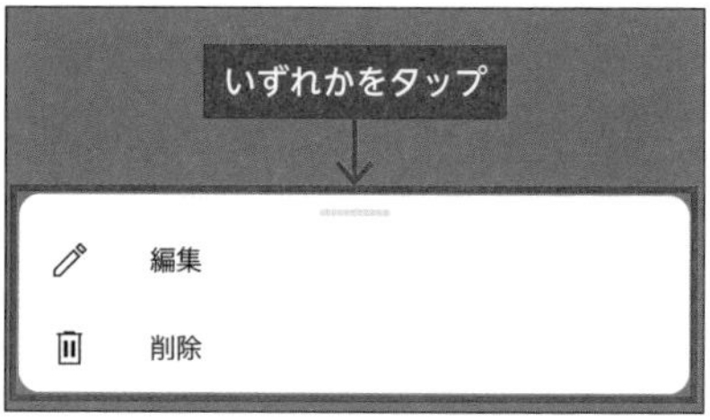

コメントに対して評価や返信を行う

❶ コメントを評価したいときは、コメントの下に表示されているサムズアップまたはサムズダウンのアイコンをタップします。

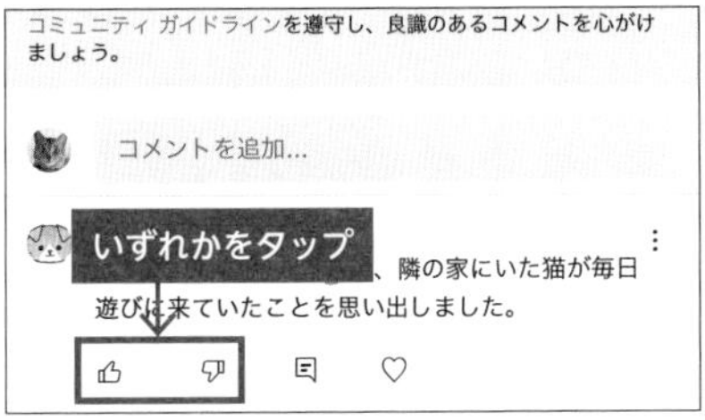

❷ コメントに返信したいときは、返信アイコンをタップします。

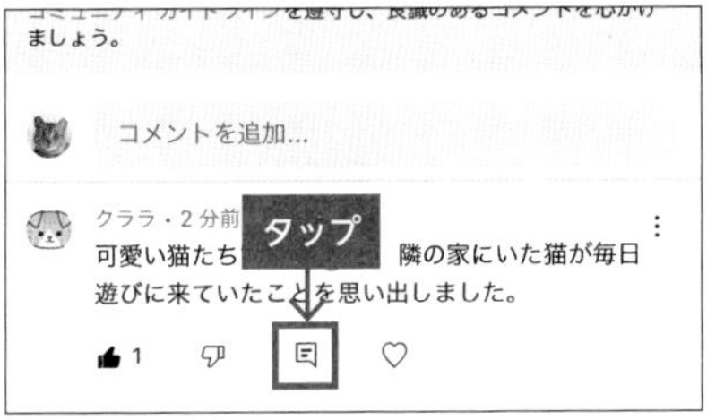

❸ 返信のコメントを入力できたら、右のアイコンをタップして投稿します。

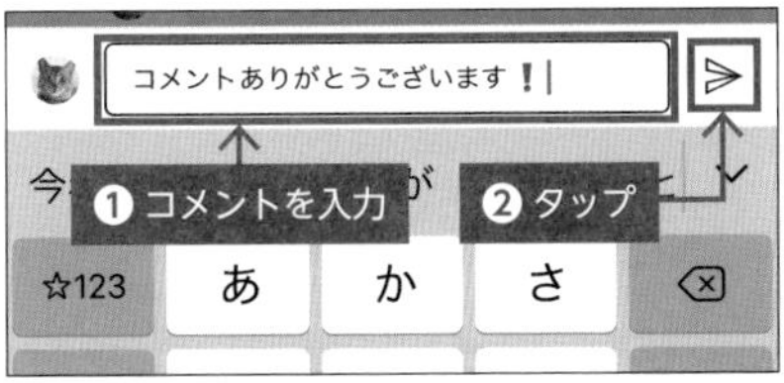

❹ 返信が投稿できました。コメントと同じ方法で編集や削除も可能です。

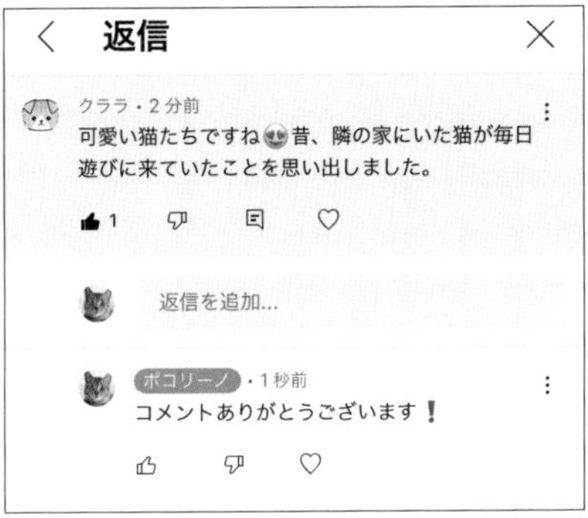

自分の動画へのコメントに反応する

❶ 自分がアップロードした動画に対しては、特別なコマンドが利用できます。まず、好ましいコメントに対しては、ハートアイコンをタップしてお気に入りに設定するとよいでしょう。

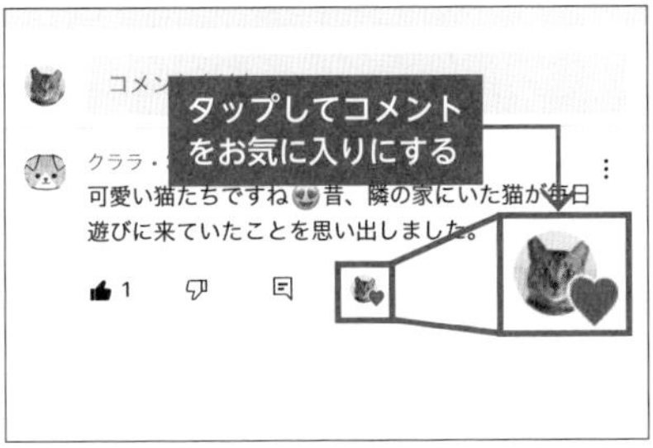

❷ コメントをいちばん上に表示したいときは、コメント右上の「⋮」をタップして「固定」をタップします。すると、複数のコメントが付いても、コメント欄の最上部に表示されます。

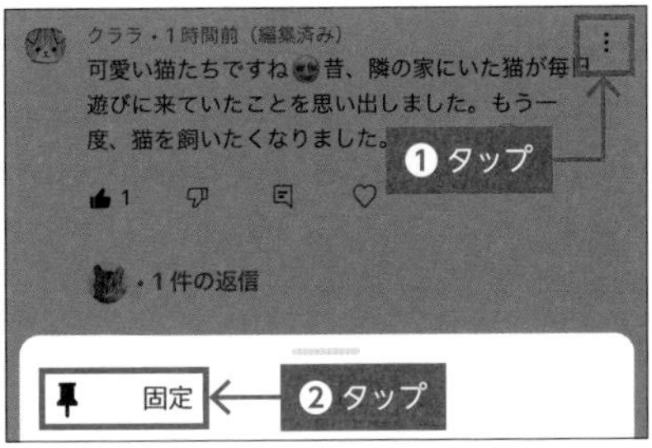

Section 006 履歴から動画を再生する

以前再生したことのある動画をもう一度見たいとき、改めて検索していては面倒です。いつごろ再生したかを思い出せれば、再生履歴から簡単に見つけられます。動画タイトルなどを覚えていれば、キーワード検索も可能です。

最近の再生履歴から簡単に動画を再生する

❶「YouTube」アプリを起動したら、下の「ライブラリ」をタップします。

❷最上部の「履歴」に再生履歴が表示されるので、目的の動画があればタップして再生します。表示されない場合は、左にフリックしてほかの動画を探します。

再生した時期から動画を探す

❶上の手順❷で見つからない場合は、「すべて表示」をタップします。

❷動画の再生履歴が再生日ごとにまとめて表示されるので、下にスクロールして目的の動画を探します。

動画の再生履歴を検索する

❶ 履歴に表示される動画が多すぎて探せない場合は、キーワードを入力して再生履歴を検索します。「再生履歴を検索します」をタップします。

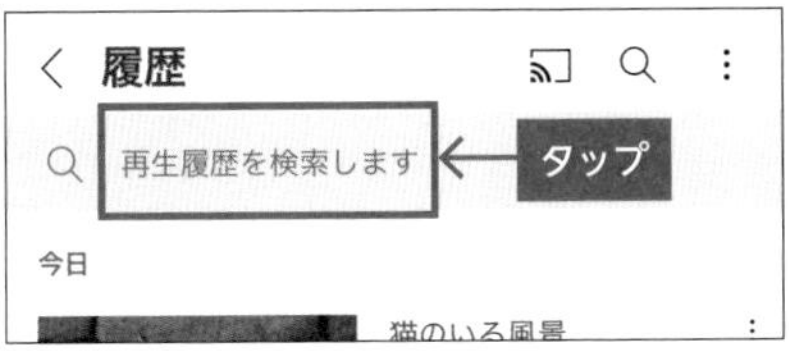

❷ キーワードを入力し、右下の「search」または「検索」をタップします。

❸ 検索にヒットした動画があれば、サムネイルが表示されます。タップして再生しましょう。

MEMO パソコン版YouTubeで再生履歴から動画を再生する

パソコンで再生履歴から動画を再生したい場合は、左のメニューから「履歴」をクリックし、下にスクロールして目的の動画を探します。キーワードで検索したい場合は、右の虫眼鏡型アイコンをクリックして、キーワードを入力します。

Section 007

不要な履歴を削除する

ログインした状態で動画を再生すると、再生履歴が記録されます。おすすめの動画は再生履歴をもとに選ばれるので、あまり見たくない動画を再生してしまった場合は、再生履歴から削除しておきましょう。

最近の再生履歴から動画を削除する

❶「ライブラリ」をタップして再生履歴を表示し、削除したい動画のサムネイルをロングタッチします。

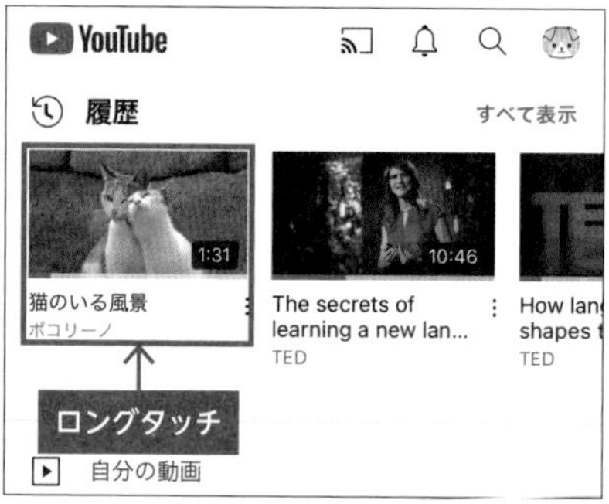

❷画面下にメニューが表示されるので、「再生履歴から削除」をタップします。

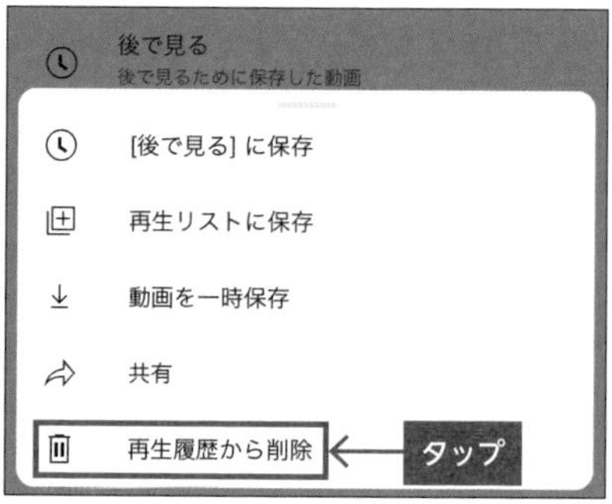

「履歴」画面で動画を削除する

❶「ライブラリ」をタップして、この画面で「すべて表示」をタップします。

❷削除したい動画を左にフリックし、「削除」が表示されたらタップします。

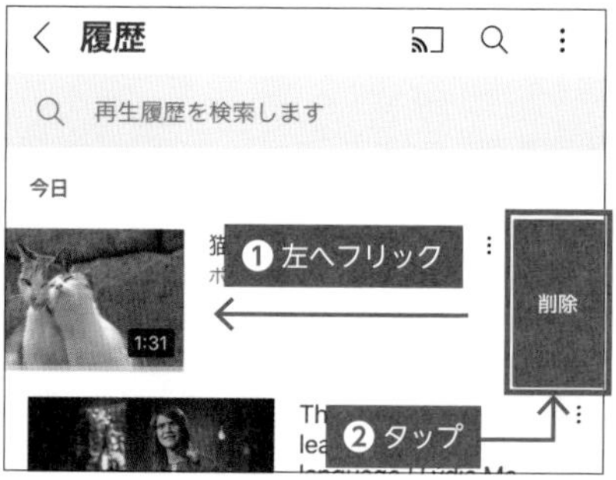

再生履歴をすべて削除する

好みではない動画を再生すると、おすすめの動画にあまり見たくない動画がたくさん表示されるようになってしまいます。そんな場合は、再生履歴をすべて削除すると、おすすめの動画がリセットされます。ただし、再生リストに登録されている動画の関連動画は表示されるようです。

❶「ライブラリ」をタップして、この画面で「すべて表示」をタップします。

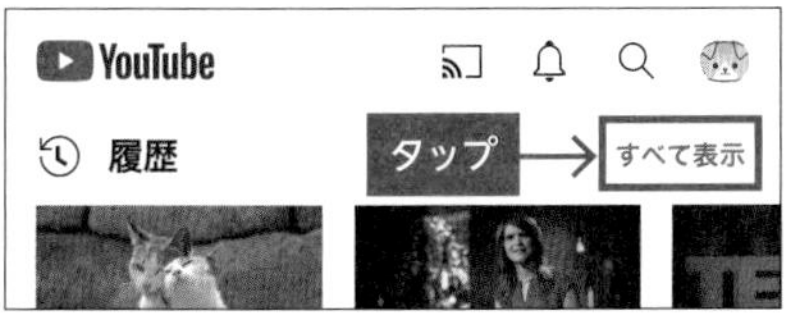

❷画面右上の「⋮」をタップして、画面下に表示された「履歴の管理」をタップします。

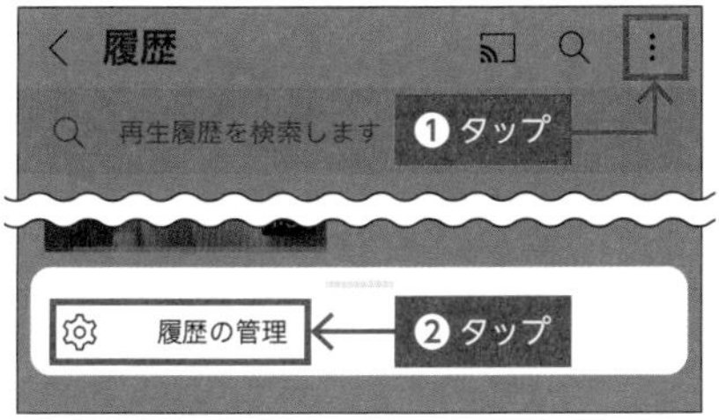

❸「履歴とプライバシー」画面が表示されたら、「再生履歴を削除」をタップして、中央のポップアップで再度「再生履歴を削除」をタップします。

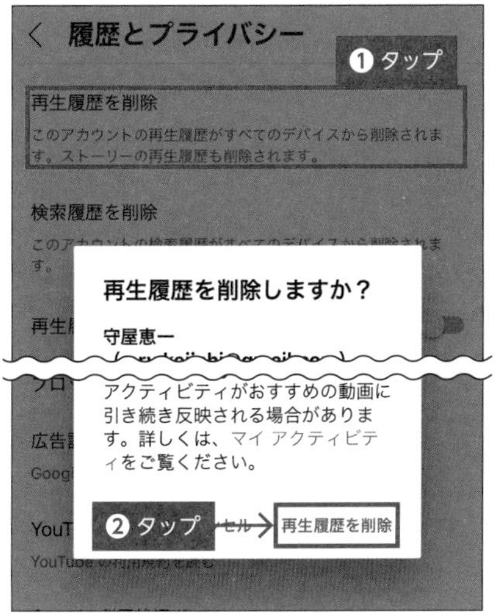

MEMO

パソコン版YouTubeで再生履歴を削除する

パソコンで再生履歴を削除するには、左のメニューから「履歴」をクリックし、表示された再生履歴で「×」をクリックします。また、再生履歴をすべて削除したいときは、画面右の「すべての再生履歴を削除」をクリックします。

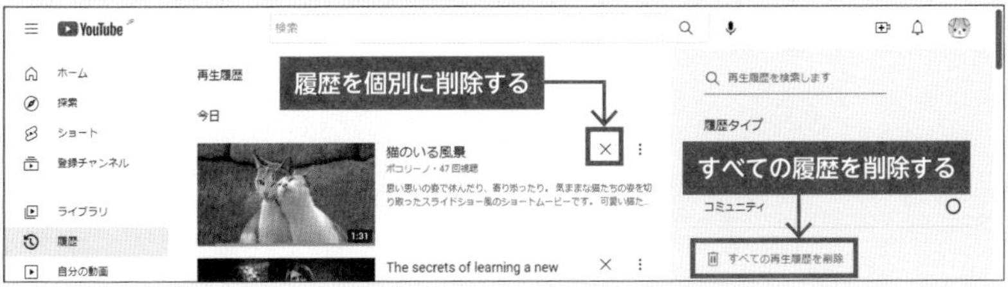

Section 008

履歴を残さずに視聴するには

一時的に他人のスマホを使わせてもらうとき、動画の再生履歴を残したくないこともあるでしょう。そんなときは、シークレットモードを利用しましょう。シークレットモード利用中に再生した動画の記録はスマホに残りません。

スマホでシークレットモードを利用する

スマホで履歴を残さずに動画を再生したいなら、YouTubeアプリのシークレットモードを利用するのが便利です。シークレットモードでは、再生履歴が保存されないだけでなく、チャンネル登録ができず、おすすめの動画には今までの再生履歴とは関係の薄い動画が表示されるようになります。

❶ 右上のアカウントアイコンをタップします。

❷ 表示されたメニューで「シークレットモードを有効にする」をタップします。

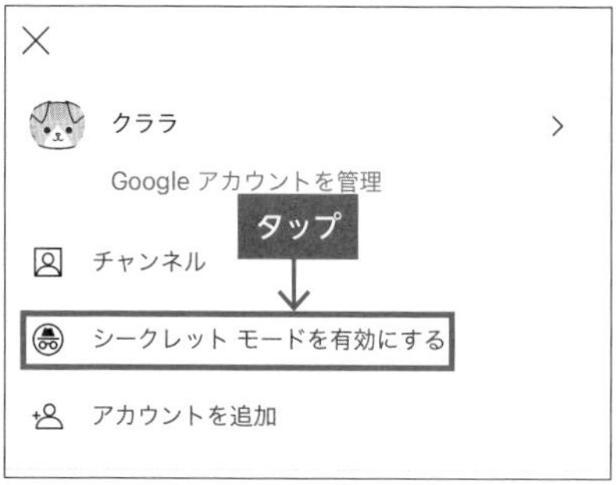

❸ シークレットモードが有効になります。右上のアカウントアイコンがシークレットモードのアイコンに変更され、おすすめの動画が変わります。

❹「ライブラリ」をタップすると、履歴や登録したチャンネルなどが表示されないことがわかります。

シークレットモードをオフにする

❶ もとの表示に戻すには、まず右上のアカウントアイコンをタップします。

❷ 表示されたメニューの「シークレットモードを無効にする」をタップすると、もとのアカウントでログインした状態に戻ります。

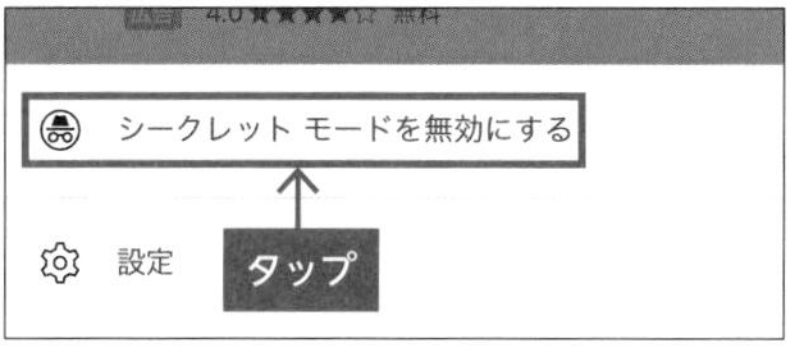

パソコンで履歴を残さずに動画を再生する

パソコンのブラウザーでYouTubeにアクセスしたときは「シークレットモード」を利用できないので、ブラウザーのプライベートブラウズ機能を利用します。この機能を使うと、アカウント情報をYouTubeに送信せず、ログアウト状態で閲覧できます。Microsoft EdgeとGoogle Chromeの手順を紹介しますが、機能の名前が異なるだけで、動作は同じです。

❶ Microsoft Edgeでは、画面右上の「…」をクリックして、「新しいInPrivateウィンドウ」をクリックします。

❷ Google Chromeでは、画面右上の「⋮」をクリックして、「新しいシークレットウィンドウ」をクリックします。

Section 009 あとで見たい動画を保存する

1つのテーマについて情報を集めているとき、検索してヒットした動画をいちいち見ていては情報探索の効率が落ちてしまいます。あとで見たい動画が見つかれば、[後で見る] に登録しておき、まとめてチェックすると便利です。

スマホで [後で見る] に動画を保存する

❶ あとで再生したい動画を見つけたら、動画のサムネイル右下の「⋮」をタップします。

❷ 画面下にメニューが表示されるので、「[後で見る] に保存」をタップします。

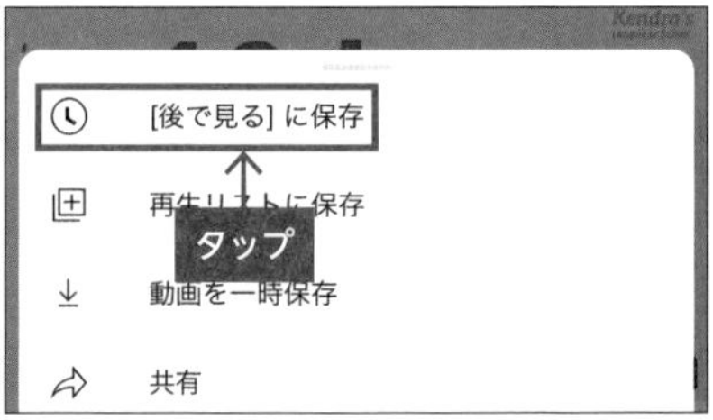

[後で見る] に保存した動画を再生する

❶「ライブラリ」をタップして、「後で見る」をタップします。

❷ [後で見る] に登録した動画のサムネイルが表示されます。

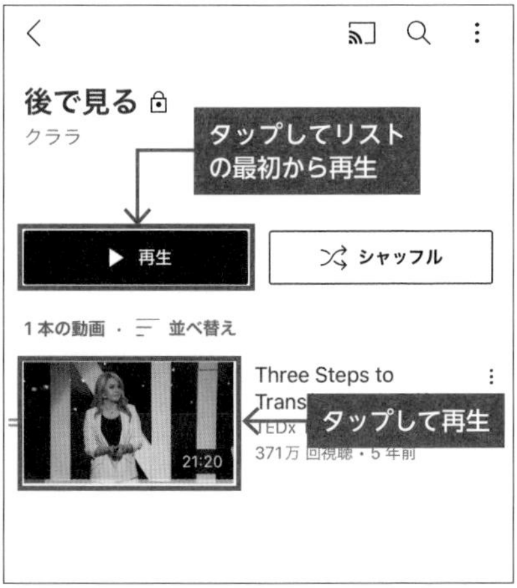

[後で見る] に保存した動画を削除する

❶ [後で見る] リストに保存した動画を削除したいときは、動画を左へフリックします。

❷「削除」をタップすれば、[後で見る] から動画を削除することができます。

パソコンで [後で見る] に動画を保存する

❶ パソコンで見つけた動画を [後で見る] に保存したいときは、動画サムネイルの右下にある「⁝」をクリックし、表示されたメニューで「[後で見る] に保存」をクリックします。

❷ [後で見る] に保存した動画を再生したいときは、画面左の「後で見る」をクリックし、表示された動画のサムネイルをクリックすれば再生できます。

Section 010 再生リストに動画を追加する

特定の動画を何度も繰り返し視聴したいとき、あとで知人に紹介したい動画があるときは、再生リストを作成して登録しておけば便利です。再生リストは、複数作成することができるので、用途に応じて使い分けましょう。

再生リストを作成する

❶「ライブラリ」をタップして、「新しい再生リスト」をタップします。

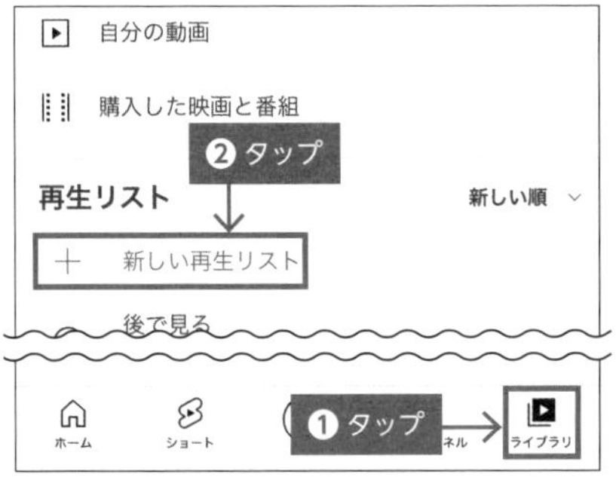

❷最近再生した動画のサムネイルが表示されるので、追加したい動画があれば、右のチェックボックスをタップしてオンにします。なければ、そのまま「次へ」をタップします。

❸再生リストの名前を入力して、「作成」をタップします。なお、再生リストはデフォルトで自分のみ表示可能ですが、誰でも表示できるようにするには「非公開」をタップして「公開」に変更します。

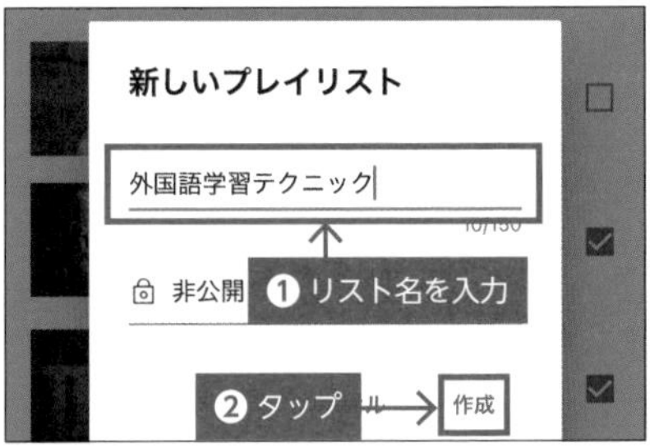

❹「ライブラリ」画面では、作成した再生リストを確認できます。

再生リストを使用する

❶ 左ページの手順❹で使用したい再生リストをタップしたら、このように動画の再生リストが表示されます。再生リストの名前や公開範囲を変更したいときは、鉛筆型アイコンをタップします。

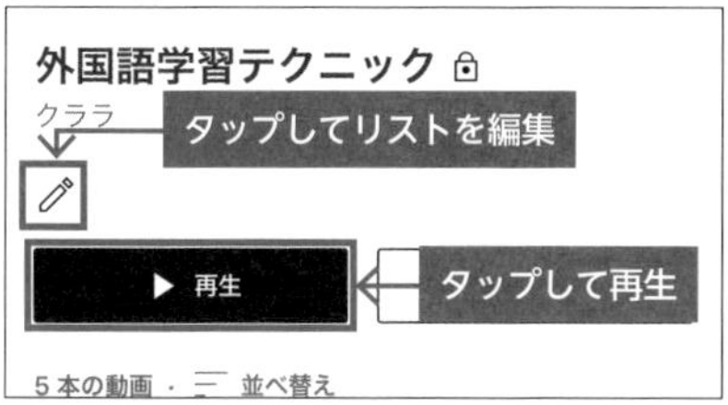

❷ 再生リストの名前を変更するには「タイトル」を編集し、公開範囲を変更するには「プライバシー」を変更します。

再生リストに追加する

❶ ホーム画面で再生リストに追加するには、「⋮」をタップしてメニューから「再生リストに保存」をタップします。

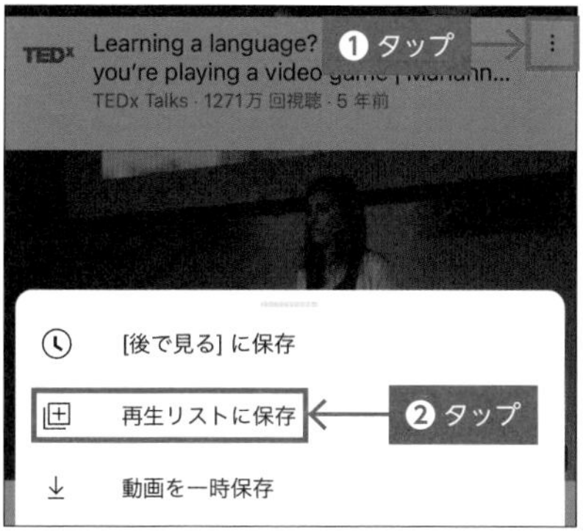

❷ 再生画面で再生リストに追加するには、「保存」をタップします。もし表示されていなければ、サムズアップアイコンを左へフリックして、「保存」を表示します。

MEMO

どの再生リストに保存されるのか

複数の再生リストが存在する場合、「保存」をタップすると最も最近使用した再生リストに保存されます。別の再生リストに保存したいときは、もう一度同じボタンをタップして再生リストの一覧を表示し、保存したい再生リストをタップします。

Section 011 お気に入りのチャンネルを登録する

好みの動画が見つかれば、その動画を投稿したチャンネルを登録してみましょう。ホーム画面にそのチャンネルの動画が表示されやすくなると同時に、そのチャンネルの動画をまとめて視聴することも可能になります。

スマホでチャンネル登録を行う

❶ 動画再生画面で「チャンネル登録」をタップすれば、登録操作は完了です。

❷ 登録したチャンネルを確認するには、ホーム画面に戻って画面下の「登録チャンネル」をタップします。

❸ 画面上には登録したチャンネルのアイコンが並びます。また、下には登録したチャンネルの新着動画のサムネイルが表示されます。ここでは、登録したチャンネルを確認してみましょう。「すべて」をタップします。

❹ チャンネルのリストが表示されました。タップすると、そのチャンネルの情報が表示されます。

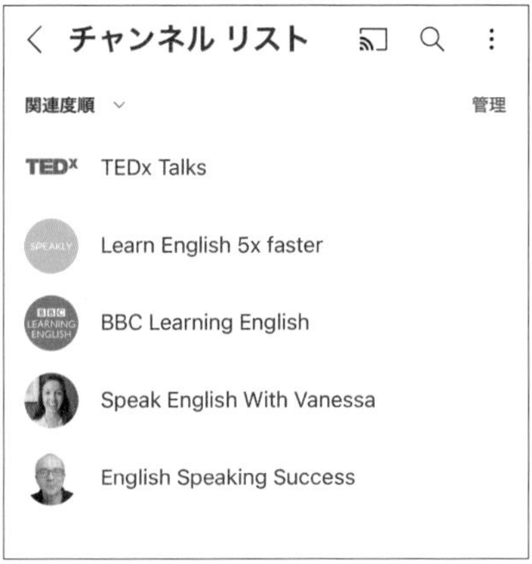

登録したチャンネルを確認する

❶ 左ページ手順❹で、詳細を確認したいチャンネルをタップすると、以下の画面が表示されます。画面上にタブが表示され、左右にフリックすれば切り替えることが可能です。「動画」タブは、そのチャンネルにアップロードされた動画のサムネイルが表示されます。

❷「再生リスト」タブでは、チャンネル運営者が見てほしい動画の再生リストが表示されます。

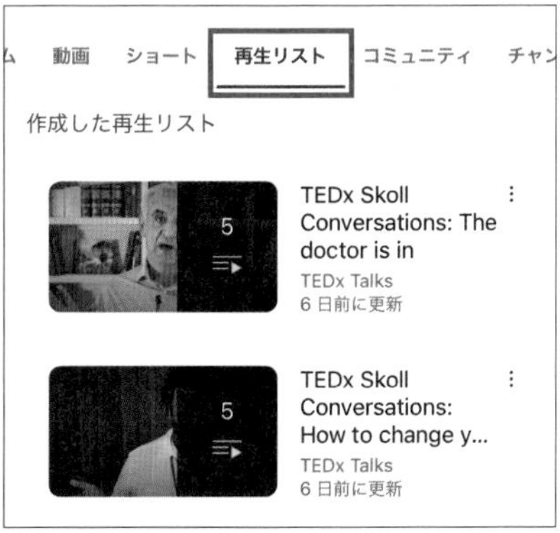

パソコンでチャンネル登録を行う

❶ スマホ同様、動画再生画面で「チャンネル登録」をクリックすれば、そのチャンネルを登録できます。

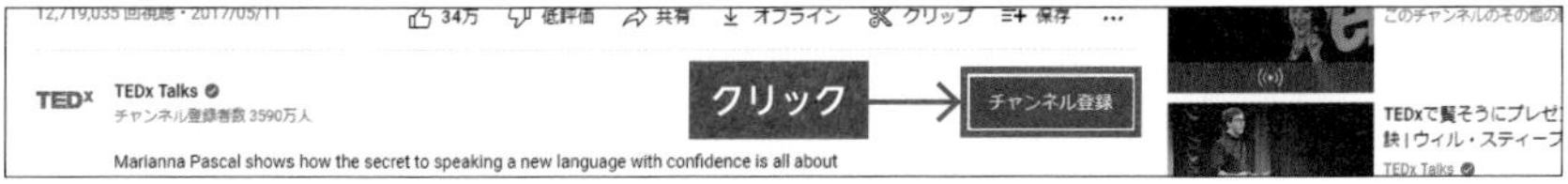

❷ 左のメニューで「登録チャンネル」をクリックすると、登録したチャンネルの新着動画が表示されます。また、左下に登録済みチャンネルのリストが表示されます。クリックすると、そのチャンネルの詳細ページが表示されます。

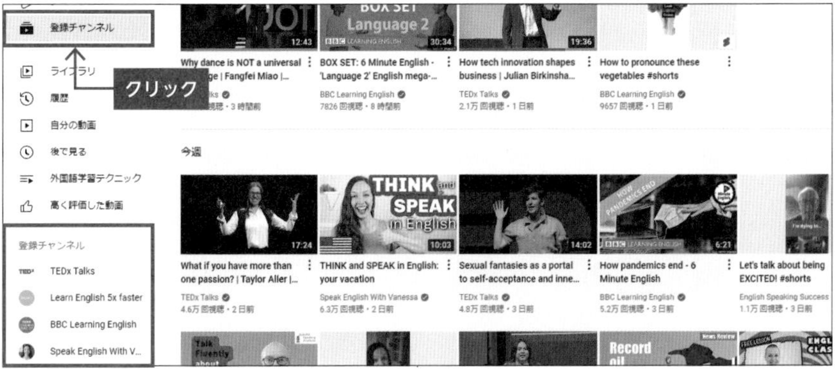

Section 012 おすすめの動画を知人に教える

知人に見てほしい動画があれば、動画のタイトルや投稿者の名前を伝えるのではなく、YouTubeの共有機能を使ってみましょう。URLを簡単に伝えられるので、確実にその動画を見てもらうことができます。

iPhoneで動画を共有する

1. 共有したい動画の再生画面で「共有」をタップします。

2. 「共有」に複数のアイコンが表示されるので、共有したい方法や共有で使いたいアプリのアイコンをタップします。「コピー」をタップすると、URLがコピーされるので、ほかのアプリなどにペーストできます。

Androidで動画を共有する

1. AndroidスマホでもiPhone同様に、共有したい動画の再生画面で「共有」をタップします。

2. 「共有」に複数のアイコンが表示されるので、共有したい方法や共有で使いたいアプリのアイコンをタップします。

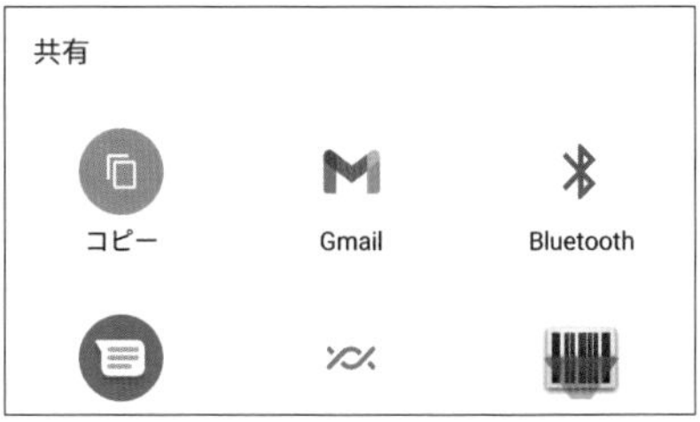

パソコンで動画を共有する

❶ パソコンで動画を共有するには、再生画面で「共有」をクリックします。

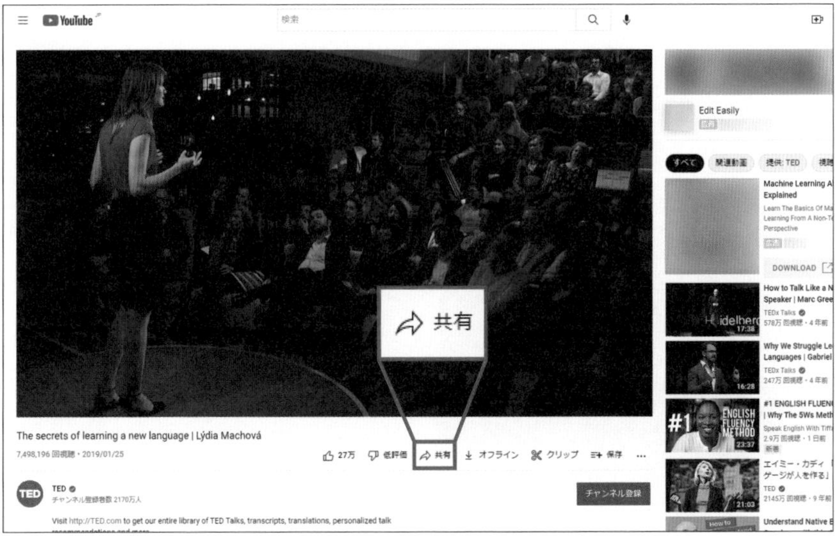

❷「コピー」をクリックすれば、URLをコピーできるので、共有に使いたいアプリにペーストします。なお、「開始位置」にチェックを付けると、共有先でも現在再生している場所から再生が始まるURLをコピーできます。

Section 013 ショート動画を見る

ショート動画とは、最大60秒の動画のことです。通常の動画とは異なり、広告は入らず、必ず縦長で表示されます。もともとスマホでの視聴用に用意された機能ですが、パソコンでも再生できます。

ショート動画の画面構成と機能

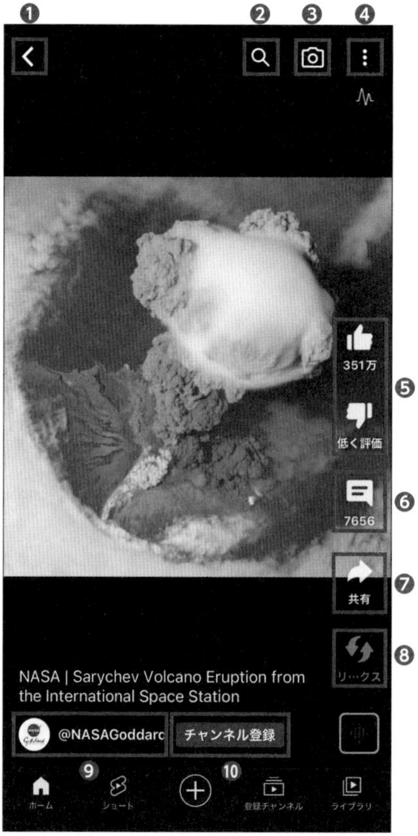

❶戻る	ホーム画面に戻ります。
❷検索	ショート動画を検索します。
❸撮影	ショート動画を撮影することができます。
❹その他	動画の説明を表示したり、字幕のオン／オフ、チャンネルごと非表示にしたりできます。
❺評価	ショート動画に対する評価を投稿することができます。
❻コメント	すでに投稿されたコメントを表示したり、自分でコメントを投稿したりできます。
❼共有	URLのコピーなど、この動画を共有するためのメニューが表示されます。
❽リミックス	表示中のショート動画を使って別のショート動画を作ります。
❾チャンネル名	タップすると、そのチャンネルのショート動画がまとめて表示されます。
❿チャンネル登録	この動画のチャンネルを登録できます。

ショート動画を再生する

❶ おすすめのショート動画を見たいときは、ホーム画面を少し下にスクロールすると、「ショート」という見出しがあります。そこに表示されたサムネイルをタップすれば、ショート動画が再生されます。

❷ ショート動画を見るには、もう一つの方法があります。画面下部の「ショート」をタップすると、最近人気のショート動画を再生することができます。次のショート動画を再生するには、上にフリックします。

ショート動画を検索する

❶ ショート動画を検索するには、ショート動画を再生中に虫眼鏡型アイコンをタップします。

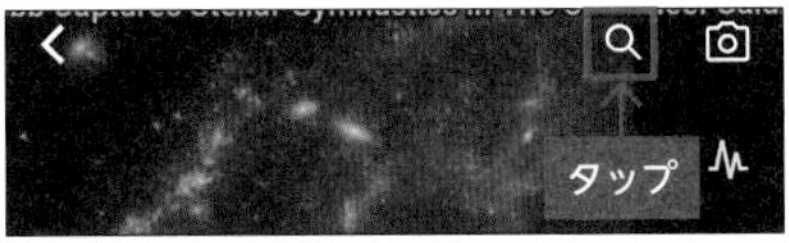

❷ 検索キーワードを入力して、画面右下の「search」または「検索」をタップします。

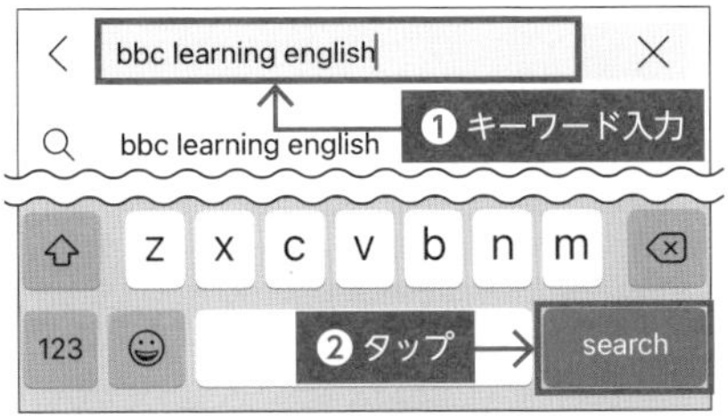

❸ 検索にヒットしたショート動画が表示されます。タップすれば、再生画面に移行して再生がスタートしますが、ほかのショート動画を見たい場合は上下にフリックします。

Section 014 ライブ配信の動画を見る

投稿者が無編集でリアルタイムで動画を撮影しながら公開することをライブ配信といいます。テレビ番組の生放送にあたります。通常の動画とは異なり、チャット欄でコメントを書くことができます。

どの動画がライブ配信なのかを知る

❶ ホーム画面や検索結果などサムネイルが表示されている場合は、サムネイルの右下に「ライブ」と表示されているものがライブ配信です。

❷ 再生画面では、画面上をタップすると制御用のアイコンが表示されます。左下に「ライブ」と表示されれば、その動画はライブ配信中の動画です。

チャットにコメントを投稿する

❶ 再生画面で「チャット」をタップすると、チャット欄が表示されます。画面下の入力欄をタップしてコメントを入力し、右のアイコンをタップすれば、コメントが投稿できます。

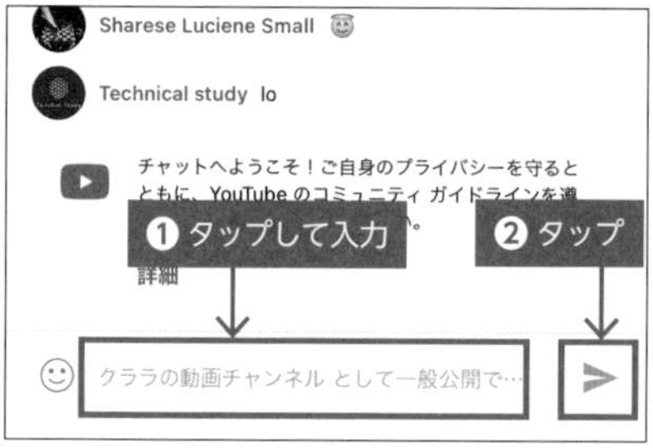

❷ 入力したコメントが表示されました。もしコメントを削除したい場合は、タップして「削除」をタップすれば、削除できます。ただし、アイコンと表示名は残るので注意してください。

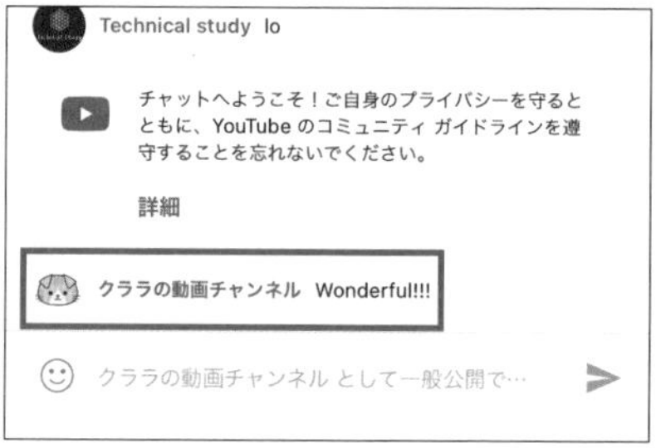

迷惑なユーザーをブロックする

❶ 動画に無関係なコメントを投稿するユーザーは、ブロックしてしまいましょう。表示されなくなり、スッキリします。ブロックしたいユーザーのコメントをタップして、「ブロック」をタップします。

❷ ブロックするかどうかを聞かれるので、「ブロック」をタップします。ブロックしたユーザーのコメントには「非表示のメッセージ」といったん表示されますが、再度同じライブ動画にアクセスすると、そのユーザーごと表示されなくなります。

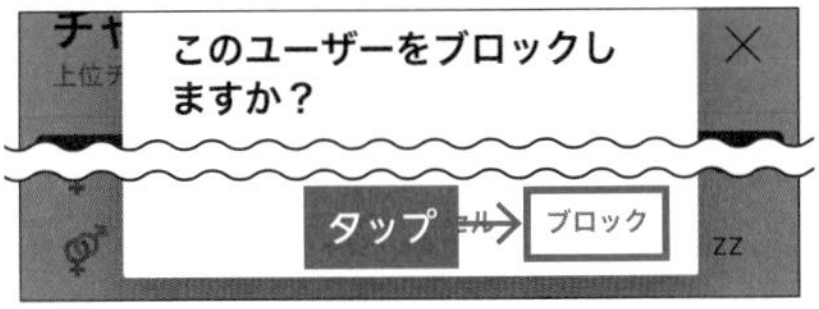

スーパーチャットで投げ銭を行う

❶ スーパーチャットとは、動画の投稿者に献金するしくみです。スーパーチャットが可能な動画では、チャットの入力欄に「¥」アイコンが表示されているので、それをタップします。

❷ 「Super Chat」をタップします。

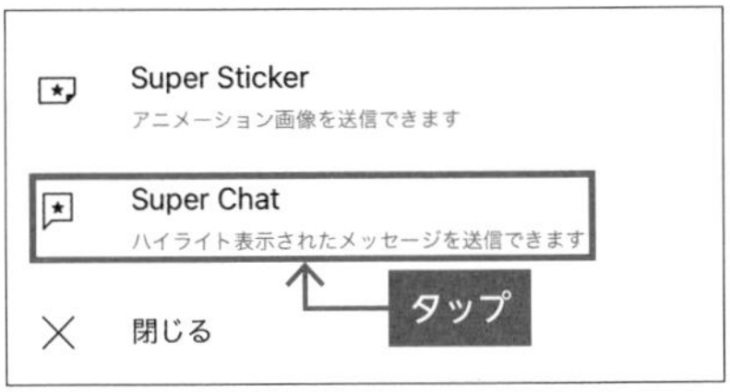

❸ まずバーをドラッグして金額を決めます。そして、その上をタップしてメッセージを入力し、最後に「購入して送信」をタップします。

Section 015 有料の映画や番組を購入・レンタルする

YouTubeでは、映画や番組を有料で販売・レンタルしています。定額動画配信サービスと異なり、1作品ごとに支払わねばなりませんが、あまり頻繁に映画や番組を見ないのならかえってお得でしょう。

映画や番組を購入・レンタルする

iPhoneの「YouTube」アプリでは、映画や番組の購入・レンタルはできないので、それ以外の端末上で行います。代金の支払いにはGoogle Payを使いますが、その際、クレジットカードまたはPayPalのアカウントが必要です。

購入・レンタルした映画や番組を再生する

❶ スマホで購入・レンタルした映画や番組を再生するには、まず画面下の「ライブラリ」をタップし、「購入した映画と番組」をタップします。

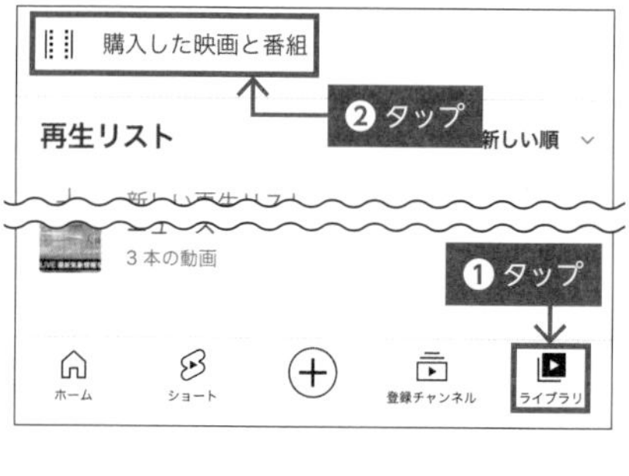

❷「購入済み」をタップして、再生したい動画のサムネイルをタップすると、再生することができます。なお、Androidスマホでは「探す」をタップすると、パソコン同様、見たい映画・番組を探すことが可能です。

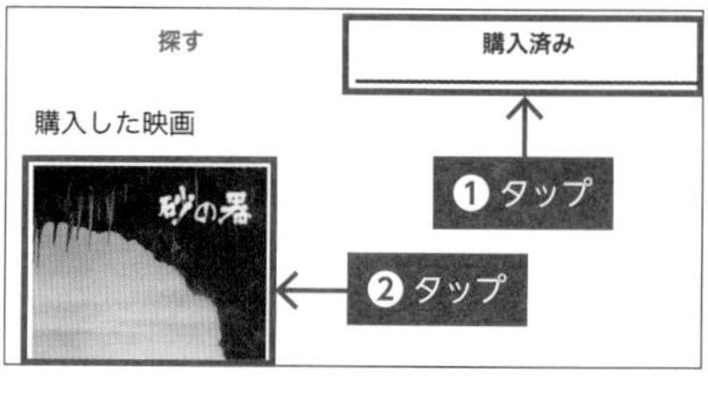

第3章

撮影した動画を投稿する

Section 001 動画を投稿する前に知っておきたいこと

ここでは、YouTubeに動画を投稿する際に押さえておくべき知識を紹介します。知らずに進めてしまうと、せっかく時間をかけた作業が無駄になってしまうこともあるので、必ずチェックしておきましょう。

動画の投稿手順を確認する

①構成を考える

撮影前の手順として重要なのが、全体の構成を考えることです。行き当たりばったりで、どんな動画になってもかまわない場合は別ですが、もし整った構成の動画にしたいなら、撮影前にどんな動画にするかを考えておきましょう。

②撮影する

カメラで撮影を行います。利用するカメラは、スマホを使うのが最も手軽ですが、屋内での撮影の場合や画質を重視する場合は、一眼レフを利用するとよいでしょう。どんなカメラを使えばよいかは、54ページで紹介します。

③編集する

動画を撮影したら、次は編集作業です。不要な部分を削除し、長すぎる場合は分割し、複数の動画に分かれていればつなぎます。動画の説明を文字や音声で入れたり、BGMを追加したり、見栄えをよくするための効果を入れたりします。

④アップロードして公開する

編集した動画はYouTubeに適した動画形式に変換・出力し、アップロードします。動画のタイトルや説明文、サムネイル、視聴者層、公開範囲などを設定すれば、投稿作業は完了です。

MEMO

カメラで撮影せずに動画を投稿できない？

本書では、おもにカメラで撮影した動画を編集してYouTubeに投稿する手順を扱いますが、カメラで撮影しなければ動画が作れないわけではありません。自分が撮影した写真や描いたイラストを使い、YouTubeが用意しているBGMを利用すれば、素晴らしい動画を作ることも可能です。

アップロード可能な動画形式

動画をファイルに詰め込むための方法（動画形式）は、大量に存在します。YouTubeは多くの動画形式に対応していますが、もし動画のアップロードに失敗したときは、動画形式がYouTubeに対応しているかを確認してみましょう。もし非対応なら、アップロード前に変換アプリを利用します。

形式	拡張子	説明
MOV	.mov	Appleが開発した動画形式。iPhoneやMacでよく使われますが、WindowsやAndroidスマホでも利用できます。
MPEG-1	.mpg/.mpeg/.m1v	CDに1時間程度の動画を記録することを目的に作られました。VHSテープ並みの品質で、現在ではあまり使われません。
MPEG-2	.mpg/.mpeg/.m2p/.ts	DVDビデオや地上デジタル放送向けに作られた規格です。
MPEG-4	.mp4	携帯電話回線での配信を想定し、高圧縮率や高解像度にも対応した規格。現在最もよく使われている規格の1つです。
AVI	.avi	Windows用に開発された規格。いろいろな圧縮方式を利用できます。
WMV	.wmv/.avi	AVIのあとにWindows用として策定された動画形式です。
FLV	.flv	Flash Video用の動画形式。Flashのサポート終了によって利用される機会が減りました。
WebM	.webm	Googleが開発した動画形式。Webページ上で再生するために作られました。

アップロードしてはいけない動画

YouTubeには、さまざまなジャンルの動画が存在しますが、禁止されているものもあります。暴力行為や性的な要素を含む動画に加え、第三者が著作権を持つ動画のアップロードも禁止されています。もしルールに違反した動画をアップロードすると、動画を削除されたり、一定期間アップロードできなくなったり、チャンネルが削除されたりします。注意すべきジャンルについては、226ページを参照してください。

MEMO

15分を超える動画をアップロードするには

初期状態では、アップロードできる動画の長さは15分までに制限されています。この制限を解除するには、アカウントの確認ページ（https://www.youtube.com/verify）にアクセスして、電話番号の認証を行う必要があります。

Section 002 動画撮影用のカメラを用意する

自分で撮影した動画をYouTubeで配信するなら、カメラが必要になります。スマホがあればだいたいの映像は撮影できますが、映像の種類によっては、ほかのタイプのカメラの方がベターなこともあります。

最初はスマホで撮影しよう

最近のスマホのカメラは性能が非常に高いため、ちょっと編集するだけでそのままYouTubeにアップロード・公開できるような映像を撮影できます。手持ちのスマホがあれば、まずはそれを使って撮影してみるとよいでしょう。

注意点としては、一眼レフと比べると手ぶれ補正機能やズーム機能が弱めなこと、インカメラの性能はアウトカメラより低いため、自撮りにはあまり向かないことが挙げられます。

室内でアングル固定なら一眼レフもいい

一眼レフやミラーレス一眼レフを持っているなら、動画撮影機能を使ってみるのもいいでしょう。一般的に画質は優れていますが、本体・レンズがかさばるため、通常は三脚が必要で、動きながらの撮影は困難なことに注意しましょう。また、操作の習得にはやや時間がかかります。

ソニーの「α7S III」は次ページで紹介する「ZV-1」より値が張りますが、動画撮影時の画質には定評があります。4K動画も撮影可能です。

MEMO　1人でトークする番組ならWebカメラも使える

室内で1人で話す動画を作りたいのであれば、パソコン用のWebカメラも使えます。画質はかなり劣りますが、大きく表示せず、パソコンの画面と組み合わせるなら問題ありません。パソコンへの動画の取り込みが簡単なので、高画質を要求されない動画なら使ってみてもいいでしょう。

動画撮影用のビデオカメラなら扱いやすい

動きながら撮影したいときに便利なのがビデオカメラです。手ぶれ補正機能を搭載している機種が多いのもメリットです。古い機種でもズーム機能が優れているものもあり、スマホよりも遠くから撮影できます。また、一眼レフが長時間の撮影は不可能なことがある反面、ビデオカメラなら問題ありません。

なお、古い機種は画質でスマホに劣ることもあることに注意しましょう。DVカメラだと、パソコンへの取り込みが面倒なこともあります。

ソニーの「VLOGCAM ZV-1」は静止画も写せるコンパクトデジカメですが、YouTubeなど動画配信サービス向けの機能を搭載しており、ライブ配信のカメラとしても使えます。写真は付属ウインドスクリーンと、キットまたは別売のシューティンググリップ装着時です。

動きながら撮影するならアクションカメラがベスト

水辺や雪山、山中などの悪い条件の中で撮影したいなら、アクションカメラ（ウェアラブルカメラともいいます）を使うとよいでしょう。耐水性や耐衝撃性に優れており、自分の体に付けて走ったり、自転車で移動したり、海で泳いだりするときにも撮影できます。手ぶれ補正機能が強力なので、スポーツ中の選手の体に付けても、見やすい映像が撮れます。

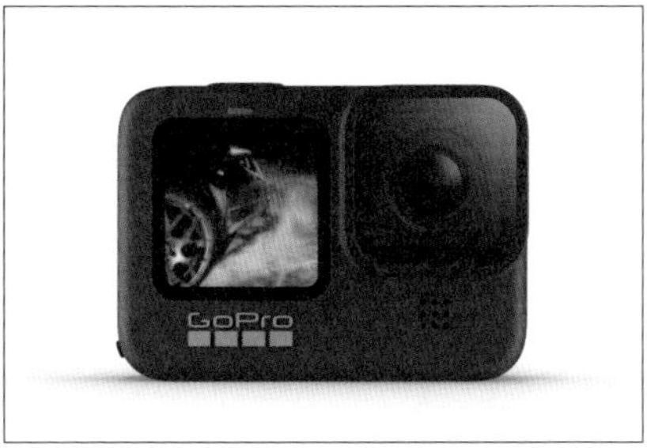

GoProの「HERO9」は、小型軽量ながら、高性能なセンサーを搭載して5Kまでの解像度に対応しています。

ドローンを使えば印象的な映像が撮影できる

都市部では無理ですが、人口の少ない地域ならドローンで空中から印象的な映像を撮影できます。とくに高度なテクニックがなくても、風景が美しければ、それだけで動画は視聴者の目を惹きます。

ただし、人口密集地や空港、重要施設の近くは飛行が禁止されています。さらに、飛行する土地の所有者から事前に許可を得る必要があるほか、屋外で飛行させる重量100g以上のドローンはあらかじめ国土交通省に登録しなければならないなど、撮影するまでにかなり手間がかかります。

Section 003 カメラ以外にあると便利な機材

動画の品質は、カメラの性能だけで決まるわけではありません。優れたマイクを使えば、音声は明瞭になります。また、三脚や照明を工夫すれば、映像は大幅に改善されます。ワンランク上の映像を撮りたいなら、検討してみましょう。

マイクは必須のアイテム

映像が薄暗かったり解像度が低かったりするより、音量の小さな動画のほうがむしろ視聴者にとってはフラストレーションの原因になります。たとえばインタビュー動画で音声が聞き取りにくいと、すぐに視聴者は離脱して再生をやめてしまいます。動画を最後まで見てもらうためには、ぜひマイクを準備してください。

また、どういう動画を撮影するかによって、必要なマイクのタイプが変わります。室内用マイクは屋外で移動しながらの撮影には使えないので、注意しましょう。

ピンマイク

ピンマイクは胸元に着けて、声を録音するのに向いています。有線接続と無線接続の2種類の接続方法があります。無線接続タイプなら、屋外での使用も簡単です。価格は比較的安めで、1万円程度で購入できます。写真はRODE Microphonesの「Lavalier GO」。

スタンドマイク

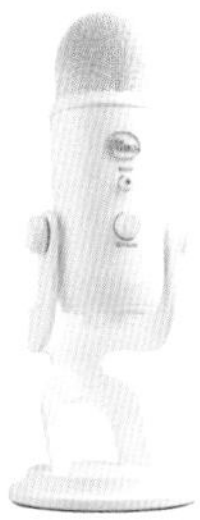

音質を重視したいなら、コンデンサーマイクと呼ばれる据え置き型のマイクを使うといいでしょう。製品によっては、単一指向性を備えていて声を録音しやすいものもあります。写真はロジクールの「Yeti(White)」。単一指向性、無指向性モードなど4つの録音モードを備えています。

ヘッドセット

ゲーム実況などでパソコンやゲーム機からの音声とは別に、自分の声を同時に録音したい場合は、ヘッドセットを利用すると便利です。音質はあまりよくありませんが、実況なら問題ないでしょう。写真はエレコムの「ゲーミングヘッドセット　HS-G01」。

ガンマイク

高価な一眼レフも内蔵マイクの品質は高くないことが多いので、ガンマイクを併用するといいでしょう。指向性が強いため、ほかの音が入りにくくなります。写真はゼンハイザーの「MKE200」。

アングルを固定して撮影したいなら三脚は必須

移動せず、固定したアングルで撮影したいなら、三脚は必須のアイテムです。三脚にカメラを固定して撮影すれば、手ぶれがなくなります。三脚には、卓上用の脚の短いものや脚が一本しかない簡便なものもあれば、1.5m以上の高さに一眼レフを設置できる本格的な製品もあります。また、ビデオカメラ用の三脚・雲台なら、カメラを設置後もスムーズに向きを変更できます。撮影シーンとカメラの大きさによって使い分けるようにしましょう。

スマホを使って卓上で撮影するなら、左の小さな三脚でも十分使えます。しかし、一眼レフなど重いカメラを使いたいなら、右のような大きなモデルを検討しましょう。もし一眼レフを設置するのに軽くて脚の細いタイプを使うと、転倒してしまう可能性があります。写真右はLibecの「TH-Z」です。

照明の使いこなしは難しいが重要

撮影に関するプロとアマの最大の違いが、照明の使いこなしです。照明をうまく使えば、被写体を美しく見せることができます。そのためには、専用の照明が必要になります。とはいえ、すべての撮影で大型の照明機材が必須というわけでもありません。スマホに向かって一人で話すような動画であれば、リングライトを1つ設置するだけでも十分なケースは多いでしょう。一方、もし一眼レフなどで高画質な動画を撮影するなら、LEDライトを使うと便利です。

リングライトはいろいろな種類があります。複数の色温度を選択できるものを選ぶと便利です。また、広く室内を撮影したいなら、LEDライトがあったほうが美しい映像が得られます。写真右はYONGNUO（https://amzn.to/3loa75f）の「YN600L」です。三脚に載せることも可能です。

MEMO

ジンバルや自撮り棒も活用する

歩きながらスマホで動画を撮影すると、どうしても手ぶれしやすくなってしまいます。そんなときは、ジンバルと呼ばれる機器を使ってみましょう。かなり手ぶれを抑えることができます。写真はDJIの「Osmo Mobile 6」です。また、周囲の迷惑にならない状況なら、自撮り棒を活用してもいいでしょう。

Section 004

動画をうまく撮影するためのコツ

写真加工アプリの進化はめざましく、適当に撮影した写真でも加工して高品質に見せかけることができます。しかし、動画の加工はかなり面倒です。編集段階であまり加工しなくても済むように、撮影時に注意を払いましょう。

被写体にピントを合わせる

初歩的なことですが、撮りたいものにピントを合わせるのは重要です。ピンボケの映像は視聴者にフラストレーションを与えてしまいます。スマホなら見てもらいたい部分をタップするなどして、必ずピントを合わせるようにしましょう。

iPhoneでは、見てもらいたい部分をタップしてから撮影すると、タップした場所にピントが合います。

画角に注意して広角と望遠を使い分ける

カメラのズーム機能を使って撮影した映像と、被写体に近づいて撮影した映像では、映像での被写体の大きさが同じだとしても、背景の映り方が異なります。高倍率のズームで撮影すると、周囲の背景が映像にあまり入らないのに対して、低倍率で被写体に近づいて撮影した場合は、周囲のものがたくさん入ります。

上は広角で撮影したときの映像で、下は望遠で撮影したときのものです。被写体の顔部分がほぼ同じサイズなのに、後ろに映る背景がまったく異なります。背景がなるべく映らないようにしたいなら、望遠で撮影します。

撮影時間は前後に余裕を持つ

視聴者に見てもらいたい部分の前後に、少なくとも数秒程度は余分な映像を入れておくようにしましょう。たとえば、トーク番組であれば、話し始めるまでに数秒程度、話し終わってから数秒程度、無音の部分を確保しておきます。余分な映像があれば、その部分に場面転換のトランジションを入れることができます。

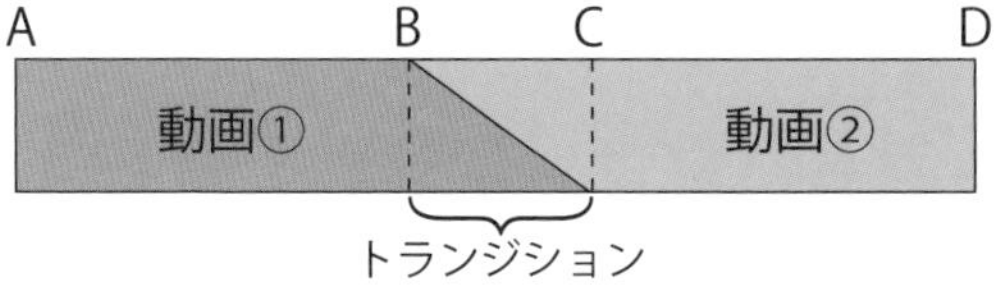

編集作業で動画①と動画②をつなぐときにトランジションを入れたいなら、動画①はA～Cまで、動画②はB～Dまでの長さが必要です。しかも、B～Cの間に新しい情報は入れず、カットできる内容にしなければなりません。そのため、撮りたい内容の前後に数秒間、カット可能なシーンが入るように撮影しましょう。

カメラの位置と傾きに注意する

人を撮影したいときは、カメラを人の目の高さに合わせて、正対させるのが基本です。もし顔を強調したいなら、カメラを少し高めに置いて、上から見下ろすように撮影してもいいでしょう。なお、カメラを見下ろすようなアングルは、あまり感じがよくありません。

カメラがやや右に傾いたまま、撮影を始めようとしています。グリッドを表示して、被写体や背景と見比べれば、傾いていることがわかるはずです。

カメラの傾きにも注意しましょう。撮影後に修正できますが、かなり手間がかかる場合があります。グリッドを表示できるカメラなら、グリッドを見ながら傾きを合わせます。

撮影場所にも注意する

屋内で撮影できるテーマの場合、撮影場所も重要なポイントです。自宅なら無料で時間に関係なく撮影できますが、スペースの問題があるほか、自宅を視聴者に特定されるリスクもあります。自宅以外では、カラオケボックスやレンタルスタジオ、Airbnb、飲食店、車の中などが考えられますが、それぞれメリットとデメリットがあります。

Section 005

カメラからパソコンに動画を取り込む

撮影が完了したら、動画をパソコンに取り込みましょう。ここでは、iPhoneとデジカメから取り込む方法を解説します。Androidスマホからの取り込みは、機種によって細かい手順が異なります。

iPhoneからパソコンに動画を取り込む

❶ まずパソコンにiTunesをインストールしておきます。すでにインストール済みの場合は最新版にアップデートしてください。次に、ケーブルでスマホとパソコンを接続し、「フォト」アプリを起動して「インポート」をクリックし、「接続されているデバイスから」をクリックします。なお、この画面が表示されず、手順❷の画面が表示されることもあります。

❷ 「項目のインポート」画面が表示されたら、動画ファイルの保存場所を変更したいときは「フォルダーの変更」をクリックして、保存場所を指定します。読み込みたい動画のサムネイルの右上をクリックしてチェックを付け、「○○アイテムのうち○をインポートする」をクリックします。

❸ 保存場所をエクスプローラーで開くと、読み込んだ動画ファイルが表示されます。

デジカメからパソコンに動画を取り込む

デジカメのSDカードをパソコンのSDカードスロットに差し込むか、デジカメとパソコンをUSBケーブルでつなぎます。すると、動画ファイルがエクスプローラー上に表示されるので、パソコンにコピーします。

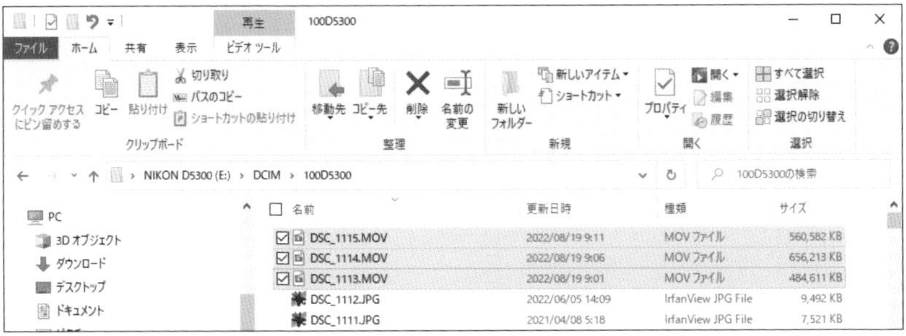

MEMO

Androidスマホは機種によっては設定が必要なことも

Androidスマホからの取り込みは、パソコンとUSBケーブルで接続して行うのが基本です。ただ、機種によっては、接続しても動画ファイルをコピーできないことがあります。そんなときは、USB接続のモードを変更します。Google Pixel 5では「設定」アプリ→「接続済みのデバイス」→「USBの設定」から「USBの接続用途」で「ファイル転送」を選択すれば動画ファイルを読み込めます。

Section 006 パソコンの画面を録画したい

パソコンでゲームをプレイしている画面を公開したり、アプリの操作方法を解説したりしたいときは、「Xbox Game Bar」で録画するといいでしょう。Windowsにプリインストールされているので、すぐに使えます。

Xbox Game Barの設定を行う

Xbox Game Barは、ゲームのプレイ動画を録画するためのアプリですが、ゲーム以外のアプリ画面も録画できます。全画面録画しかできないので、デスクトップの一部だけを録画したい場合は、次ページのMEMOを参照してください。

❶「設定」アプリの「ゲーム」→「Xbox Game Bar」を選択して、まず「ゲームクリップの録画〜」を「オン」にします。

❷以下、映像とアプリからの音声のみを記録する設定を解説します。画面を下にスクロールして、「録音されたオーディオ」で「ゲームを記録するときに〜」を「オン」に、「録音するときにマイクを既定でオンにする」のチェックを外します。「ゲームオーディオのみの録音」にチェックを付け、「ビデオ品質」は「標準」または「高」のいずれかを選択して、「記録でマウスカーソルをキャプチャする」にチェックを付けます。

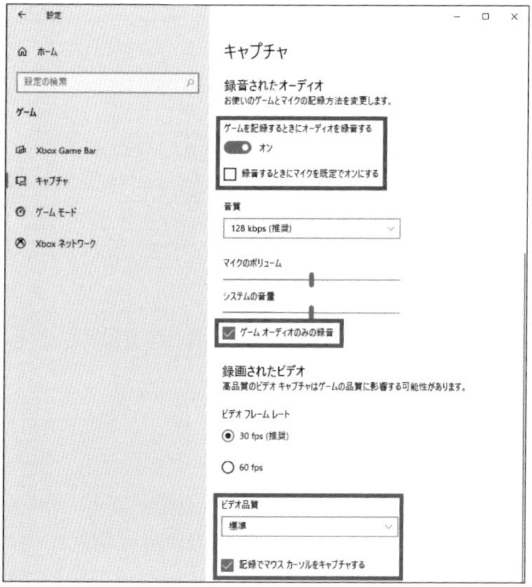

Xbox Game Barで録画する

❶ 設定ができれば、ゲームの画面を録画してみましょう。全画面でゲームをスタートし、Windows＋Alt＋「G」キーを押します。すると、録画がスタートします。録画を終了する際は、同じキーを押すか、小さく表示されているバーの青いボタンをクリックします。

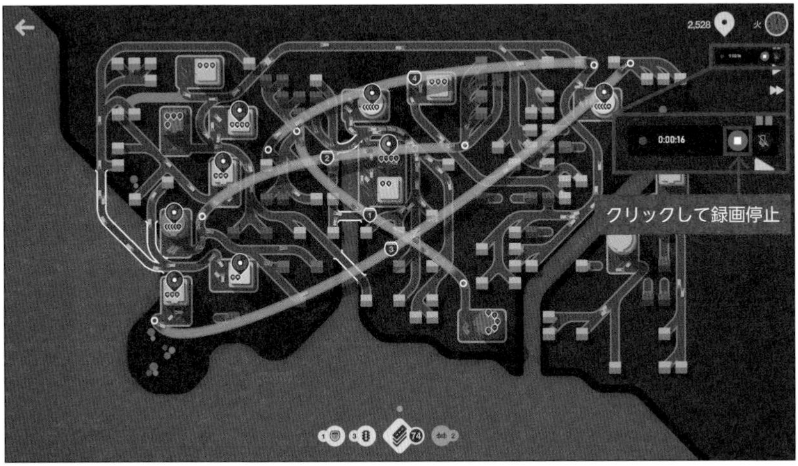

❷ 録画を終了したら、エクスプローラーを開いて「ビデオ」→「キャプチャ」フォルダーに録画した動画ファイルが保存されていることを確認してください。MP4形式なので、そのままYouTubeにアップロードすることもできます。

MEMO

必要な部分だけを録画するには

デスクトップ全体ではなく、一部を録画したい場合は「RecButton」(https://www.recbutton.org)というアプリを使うと簡単です。

なお、無料版は機能制限があります。マイクの音を録音したい場合などはMicrosoft Storeで有料版（410円）を購入してもいいでしょう。ウィンドウ単位で録画したい場合は「OBS Studio」を使うと便利です(182ページ参照)。

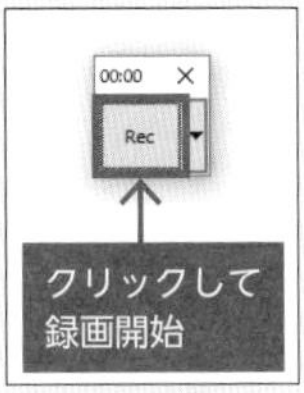

Section 007

パソコンから動画を投稿する

動画をパソコンに取り込むことができたら、YouTubeに投稿してみましょう。操作はとくに難しくありません。また、動画に関する情報はあとで変更できるので、とにかくアップロードしてしまいましょう。

動画をパソコンからアップロードする

❶ YouTubeにアクセスしてログインし、右上のカメラ型アイコンをクリックして、表示されたメニューの「動画をアップロード」をクリックします。

❷「YouTube Studio」のページに移行します。動画ファイルをアップロードするには「ファイルを選択」をクリックするか、動画ファイルをドラッグ&ドロップします。ここでは、「ファイルを選択」をクリックしました。

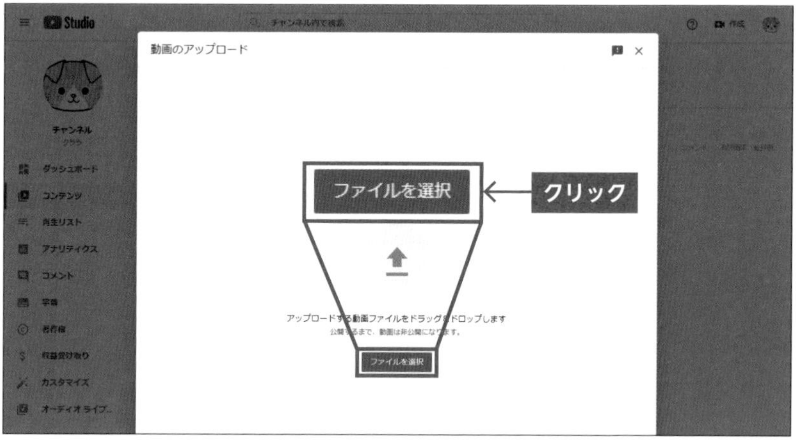

❸ ファイル選択用のダイアログが表示されるので、アップロードしたい動画ファイルを選択して、「開く」をクリックします。

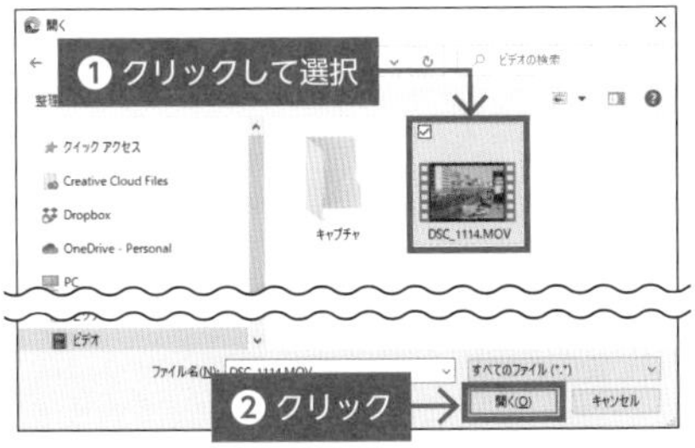

❹「タイトル」には動画の内容を表す文言を入力します。「説明」では、どのような目的や状況でこの動画を撮影したのかなど、視聴者に知らせたい情報を補います。「サムネイル」では、動画の中から静止画が3点選ばれるので、適当なものを選んで下にスクロールします。

❺ アップロードした動画が子ども向けかどうかを選択します。子ども向けに作った動画以外は「子ども向けではありません」を選択して、右下の「次へ」をクリックします。

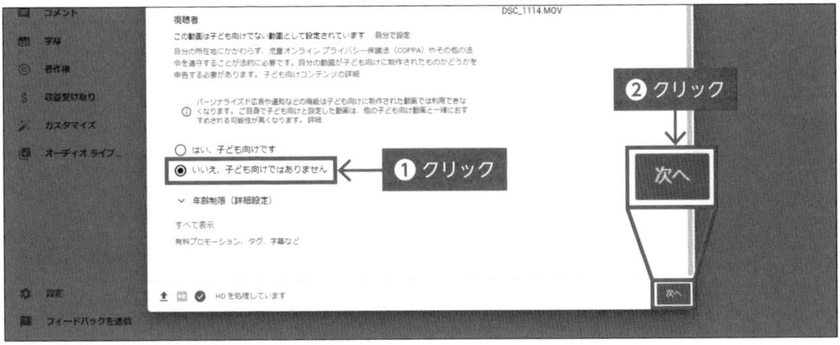

❻ 終了画面とカードを追加するかどうかをたずねられます。ここでは、両方追加せずに「次へ」をクリックします。終了画面については210ページを参照してください。

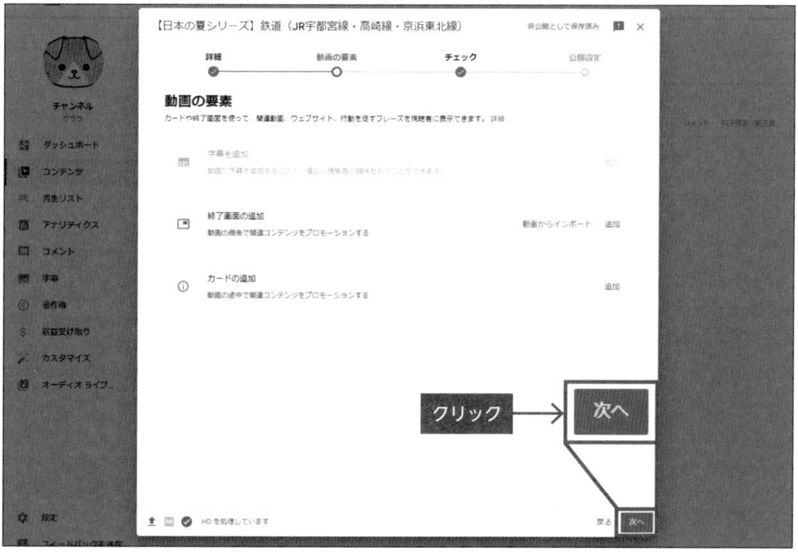

❼ 動画に著作権などの問題がないかをYouTube側でチェックします。問題がないと表示されれば、「次へ」をクリックします。なお、ここでのチェックは簡易的なものなので、問題があればあとで削除されることもあります。

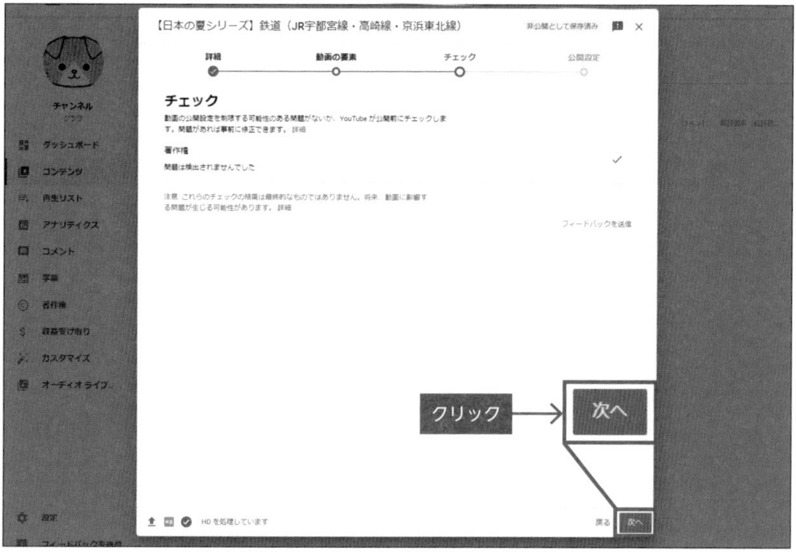

❽「公開設定」で「非公開」を選択します。右下の「保存」をクリックすれば、アップロード作業は完了です。

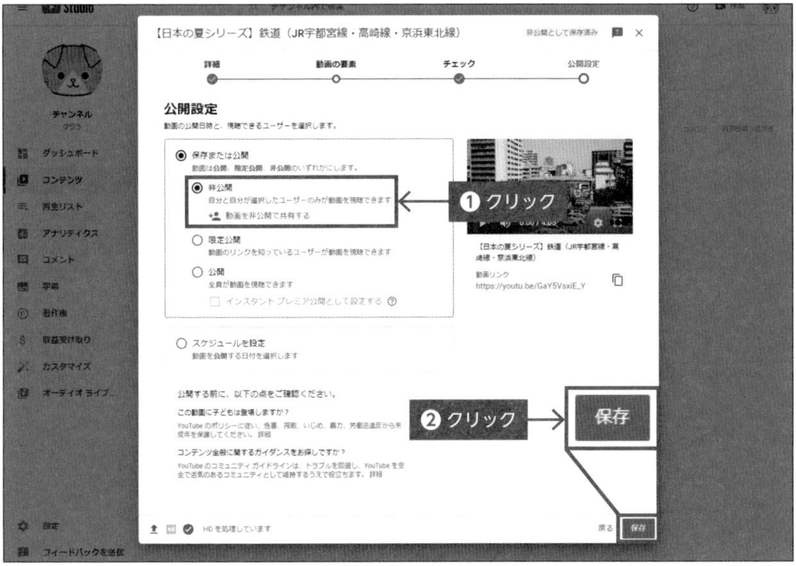

❾アップロードした動画のサムネイルや入力したタイトルなど、動画情報が表示されます。

MEMO アップロード時は「非公開」にしておくのが基本

手順❽で「公開」を選ぶと、保存してすぐに公開されます。公開しても、タイトルなど入力した情報はあとで修正できますが、視聴者の混乱を避けるためにも正しい情報を入力したのちに公開するほうがいいでしょう。

Section 008 スマホから動画を投稿する

スマホで撮影した動画をそのままYouTubeに投稿できれば、パソコンで操作する必要がないので簡単です。ここでは、iPhoneでの画面を紹介していますが、Androidスマホでも手順は同じです。

スマホで撮影した動画をアップロードする

❶ YouTubeアプリの画面下にある「+」アイコンをタップします。

❷ 表示されたメニューの「動画をアップロード」をタップします。

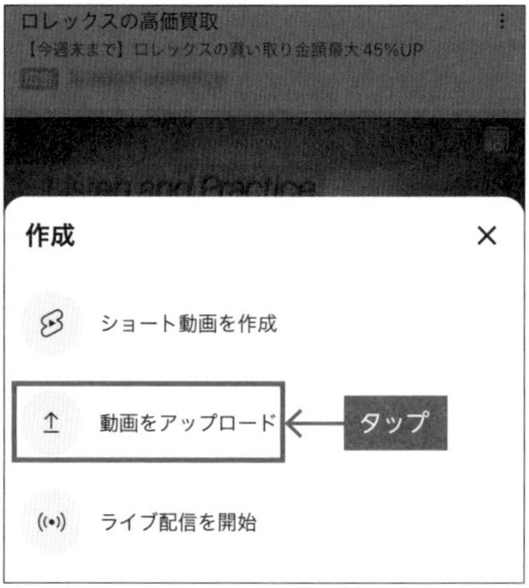

❸ 撮影した動画のサムネイルが表示されるので、アップロードしたい動画を選んでタップします。

❹ 選択した動画の内容を確認して、画面右下の「次へ」をタップします。

❺ 次に動画のタイトルを入力したいので、「タイトル」をタップします。

❻ タイトルを入力します。次に、動画の説明を入力したいので、「説明を追加」をタップします。なお、タイトルはあとで変更できるので、仮のものでもかまいません。

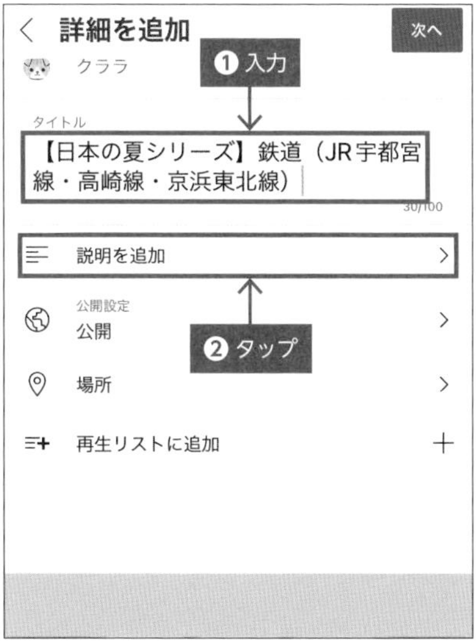

❼ 動画の説明を入力したら、画面左上の「<」をタップして手順❻の画面に戻ります。次に公開設定を変更したいので、手順❻の画面で「公開設定」をタップします。

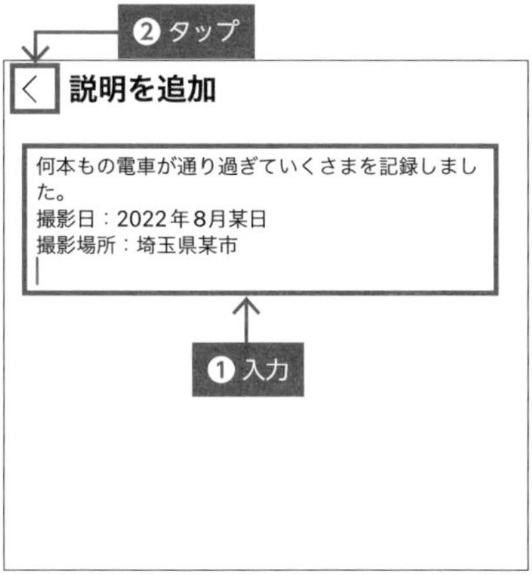

❽ ここでは、アップロードした動画はいったん非公開にするので、「非公開」をタップして選択して、画面左上の「<」をタップします。

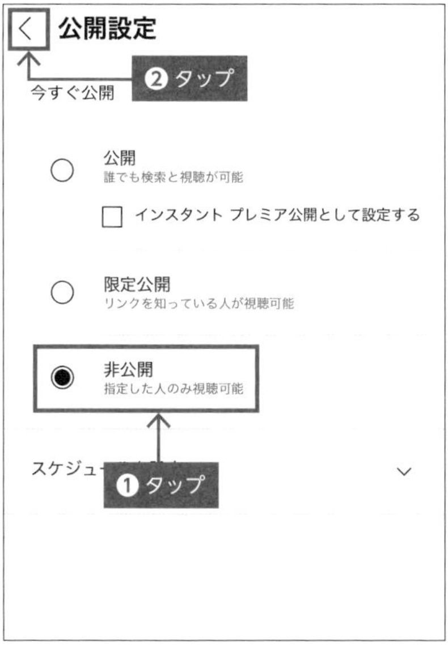

❾ タイトルと説明が入力できたら、画面右上の「次へ」をタップします。

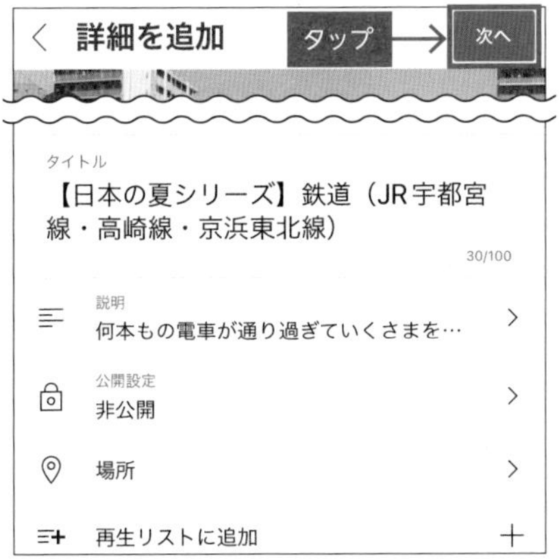

❿ 動画が子ども向けかどうかを選択します。ここではとくに子ども向けではない動画を公開したいので「いいえ、子ども向けではありません」をタップして、「動画をアップロード」をタップします。

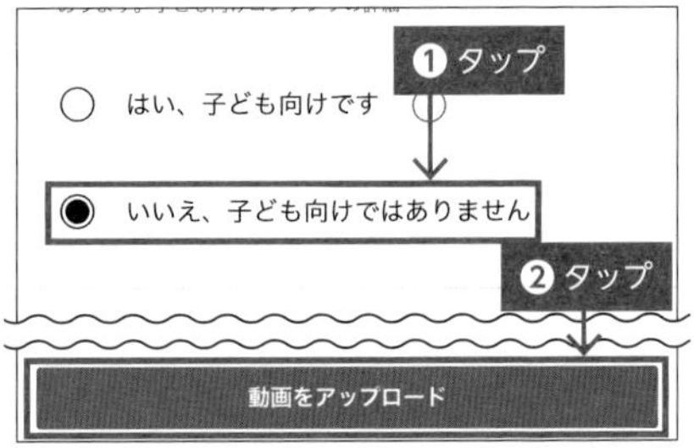

MEMO　「場所」「再生リストに追加」は未設定でもよい

「場所」には住所やランドマークを入力することができます。ここに入力された情報は動画の説明のあとに表示され、クリックするとキーワード検索に利用されます。たとえば東京スカイツリーを指定すると、タイトルや説明などに東京スカイツリーを指定した動画がヒットします。

また、「再生リストに追加」では自分の作成した再生リストに追加することができます。動画が増えてきたときに、テーマ別に再生リストに分類しておけば、まとめて視聴してもらえます。

アップロードした動画を確認する

❶ アップロードした動画を確認したいときは、画面下の「ライブラリ」をタップして「自分の動画」をタップします。

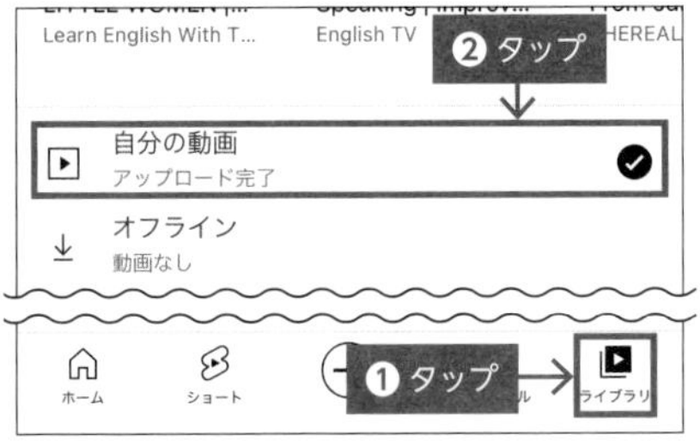

❷ アップロードした動画のサムネイルが表示されます。サムネイルをタップすれば、公開範囲を「非公開」に設定していても再生可能です。

MEMO

子ども向けを選ぶと「YouTube Kids」に表示されやすい

「YouTube Kids」は小学生までの子ども向けの動画を視聴できるサービスです。YouTubeの動画から子ども向けに選ばれた動画を再生できます。子どもに有害な動画は表示されないので、スマホやパソコンを安全に子どもに使わせることができます。その代わり、一部の機能は使えないようになっています。

前ページの手順⑩で「はい、子ども向けです」を選択した場合、子ども向けの動画としてYouTubeに認識されますが、YouTube Kidsに必ず表示されるわけではなく、多少表示されやすくなる程度のようです。また、子どもに見せたいからといって、子どもの視聴に向かない動画を子ども向けとしてしまうと、ペナルティを受ける可能性があります。

また、YouTube Kidsに表示される動画では、コメントを付けることができず、再生リストへの追加もできません。チャンネルメンバーシップの登録やSuper Chatにも対応していません。

スマホ用の「YouTube Kids」アプリを起動すると、画面は必ず横向きで表示されます。

パソコンでYouTube Kidsの動画を再生するには、ブラウザーで「https://www.youtubekids.com/」にアクセスします。

Section 009 投稿後に動画の設定を変更するには

動画のタイトルや説明、公開設定など動画の設定を変更したり、動画を編集したりするには、YouTube Studioのページにアクセスします。ここでは、パソコンでの設定画面を紹介します。

YouTube Studioの構成と機能（コンテンツ画面）

YouTube Studioを利用するには「https://studio.youtube.com/」にブラウザーでアクセスします。動画の設定を変更するには、画面左側の「コンテンツ」をクリックして下の画面を表示します。

❶サムネイル・タイトル・説明	アップロードした動画に設定したサムネイルやタイトル、説明、動画の長さが表示されます。
❷公開設定	公開・限定公開・非公開の別が表示されます。
❸制限	子ども向けかどうかが表示されます。
❹日付	動画をアップロードした日です。
❺視聴回数	動画が再生された回数が表示されます。
❻コメント	動画に付いたコメントの数です。

❼高評価率	高評価または低評価のボタンを押した人のうち、高評価のボタンを押した人の割合がわかります。
❽詳細	クリックすると、「動画の詳細」画面が表示されます。
❾アナリティクス	再生回数や、どこからこの動画にたどり着いたかなどの情報が表示されます。
❿コメント	この動画に投稿されたコメントが表示されます。
⓫YouTubeで見る	通常の再生画面でこの動画が再生されます。
⓬オプション	タイトルと説明の編集や、動画のダウンロードができます。

「動画の詳細」画面の構成と機能

動画のタイトルや説明、サムネイルなどの設定を変更したいときは「動画の詳細」画面で操作します。

❶タイトル	動画のタイトルをここに入力します。
❷説明	動画の説明をここに入力します。再生画面ではタイトルの下に表示されます。「概要欄」ともいいます。
❸サムネイル	シーンが3つ表示されるので、ここからサムネイルを選択できます。また、自分で作った画像をアップロードしてサムネイルとして表示することも可能です。
❹再生リスト	動画をどの再生リストに追加するかを選択できます。
❺視聴者	子ども向けの動画かどうかを選択します。
❻すべて表示	クリックすると、ほかの設定項目が表示されます。

❼再生画面	この画面で小さく動画を再生できます。
❽動画情報	動画のURLやファイル名、画質が表示されます。
❾公開設定	公開、限定公開、非公開から公開状況を選択できます。
❿字幕	動画の内容を解説する字幕を設定できます。
⓫終了画面	別の動画へのリンクを動画の末尾20秒間、サムネイル付きで表示できます。
⓬カード	動画の再生途中に、画面右上に別の動画や再生リスト、チャンネルへのリンクを表示できます。

Section 010 動画のタイトルや説明を変更する

タイトルや説明は、多くの人に視聴してもらうために重要な要素です。動画を公開する前に整えておきましょう。作業は、パソコンでYouTube Studioにアクセスして行います。

YouTube Studioで編集作業を行う

ここでは、パソコンのブラウザーでYouTube Studioにアクセスして実行する操作を解説します。スマホのYouTubeアプリやYouTube Studioアプリでもある程度はできますが、できることが限られます。

❶ YouTubeの画面左側にある「自分の動画」をクリックします。あるいは、「https://studio.youtube.com/」にアクセスしてもかまいません。

❷ YouTube Studioの画面が表示されたら、画面左側の「コンテンツ」をクリックします。すると、アップロード済みの動画のリストが表示されるので、タイトルや説明を変更したい動画の行にマウスポインターを合わせます。

❸ 動画のサムネイルの右にアイコンがいくつか表示されるので、鉛筆型アイコンをクリックします。

❹「動画の詳細」画面が表示されるので、タイトルと説明を編集して、右上の「保存」をクリックします。

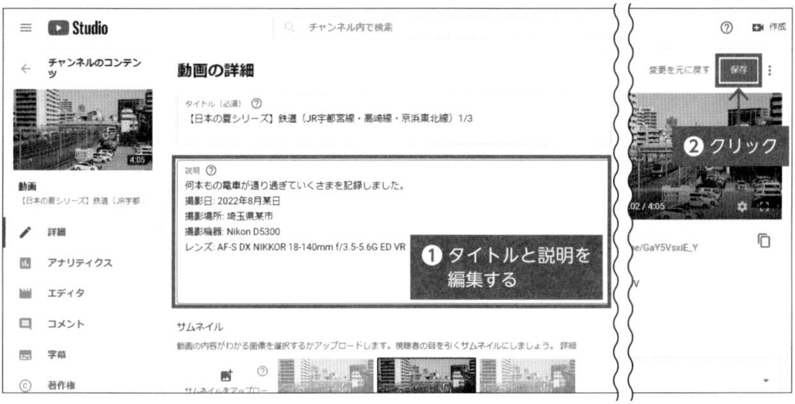

MEMO

動画のタイトルはどうすればよいか

動画のタイトルは、視聴者の環境によって表示される文字数が変わってきます。そのため、重要な文言はなるべく前に持ってくるのがいいでしょう。また、タイトルを文章の形にするより、【 】などの記号を使って箇条書きのようにするのがおすすめです。たとえば、「テレビでよく見るエフェクトをビデオエディターで素早く作る方法を解説します」より「【20秒で完了！】テレビでよく見るエフェクトの作り方●ビデオエディターで解説します【超簡単】」などとしておけば、前半しか表示されなくてもどんな動画なのかは伝わります。

Section 011 動画のサムネイルを変更する

自分が投稿した動画を多くの人に視聴してもらいたいなら、サムネイル画像にも注意を払いましょう。サムネイルは自動的に切り出された3つのシーンから選ぶか、自分で作成した画像をアップロードします。

サムネイル画像を差し替える

❶ YouTube Studioにブラウザーでアクセスし、「コンテンツ」をクリックして、サムネイルを変更したい動画の上にマウスポインターを乗せたら、鉛筆型アイコンをクリックします。

❷「動画の詳細」画面が表示されます。「サムネイル」には、動画内から自動的に切り出された3つの画像が表示されます。ここから選択してクリックするか、左端の「サムネイルをアップロード」をクリックします。自分でサムネイル画像を作成するときは、202ページを参照してください。

❸「開く」画面が表示されるので、作成した画像をクリックし、「開く」をクリックします。

❹「サムネイル」の下にサムネイル画像が表示されます。右のプレビュー画面でチェックして問題がなければ、「保存」をクリックします。

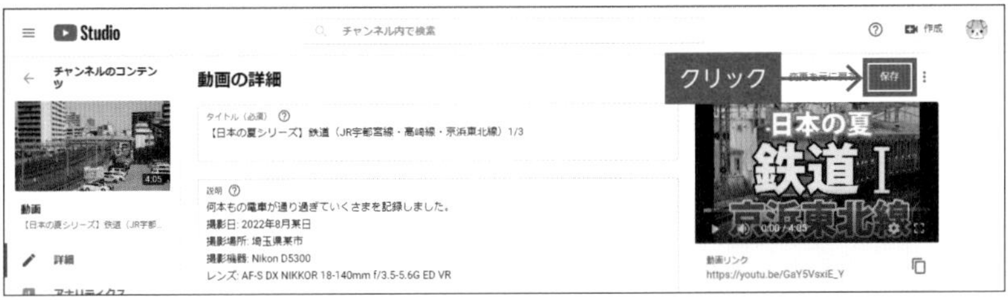

MEMO

サムネイルに自作画像を使うには電話番号確認が必要

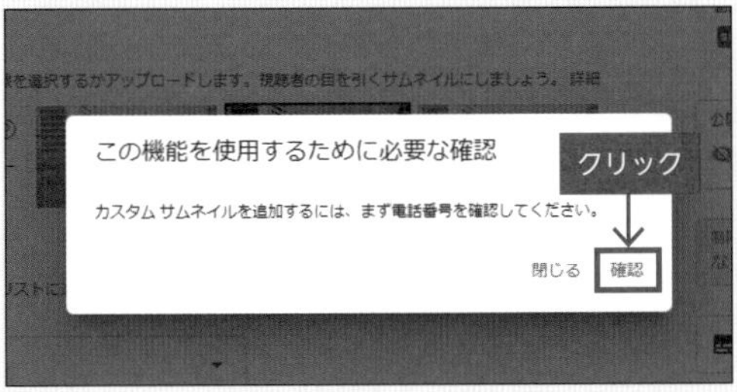

サムネイルに自分で作成した画像を登録するには、電話番号を確認する必要があります。右のような画面が表示されたら「確認」をクリックし、次の画面で電話番号を入力して、SMSまたは電話で6桁の数字からなる確認コードを受け取り、さらに次の画面でそのコードを入力します。すると、自分で作成した画像がアップロードできるようになります。

Section 012 アップロード後に動画を編集するには

YouTube Studioでは、5つの動画編集機能が用意されています。ここでは、動画編集ソフトを持っていない人のために、動画の不要な場所を削除する「トリミングとカット」とBGM挿入機能をおもに解説します。

動画をトリミングまたはカットする

不要な場所を削除することは、動画編集の基本です。視聴者の興味を惹かない場面は、思い切ってカットしてしまいましょう。

❶「動画の詳細」画面の左で「エディタ」をクリックし、「トリミングとカット」をクリックします。

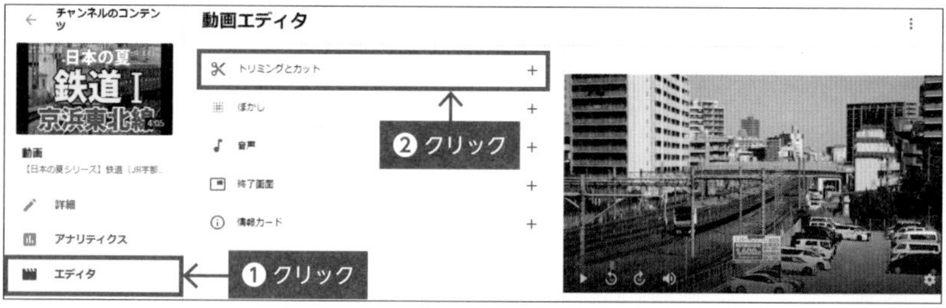

❷ 動画の最初または最後を削除（トリミング）する場合は、タイムライン上の青い部分をドラッグします。動画の途中を削除（カット）したい場合は、「新しい切り抜き」をクリックします。なお、カット位置の映像を確認したいときは、グレーの縦線をドラッグすれば、映像が右上のプレビュー画面に表示されます。

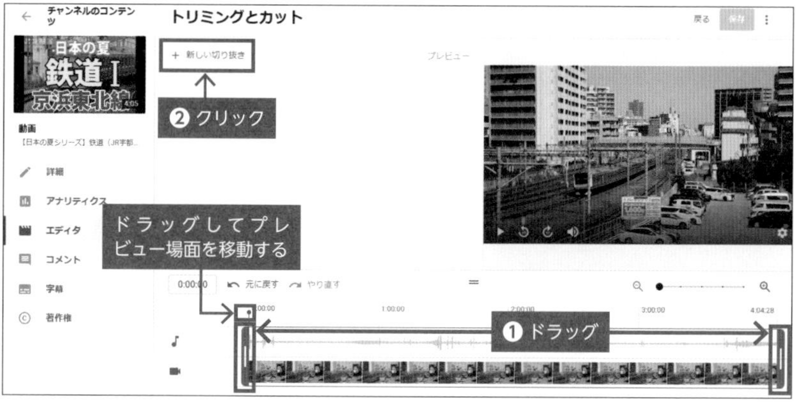

❸ タイムラインに赤い部分が表示されるので、ドラッグして削除したい部分の開始点と終了点に移動し、上のチェックをクリックします。

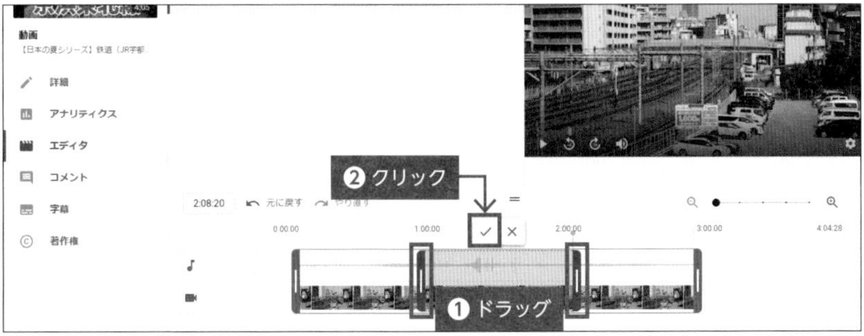

❹ 削除できた部分は薄く表示されます。編集が完了すれば、右上の「保存」をクリックします。なお、このあと、処理が完了するまで数分から数十分かかります。処理に必要な時間は動画の長さによって変わります。

MEMO

情報カードの使い方を知っておく

動画の途中でほかの動画などへのリンクを入れたいときに使われるのが「情報カード」です。動画再生中は右上に細長く表示され、クリックすると大きく展開されます。情報カード内に含められるのは、リンク内容を説明するティーザーテキストと、動画を解説するカスタムメッセージ、そして動画・再生リスト・チャンネルへのリンクです。動画再生中に「ここで、ほかの動画を参照してほしい」という場合に使うと便利でしょう。

動画にBGMを追加する

YouTubeでは、動画のBGMのために多くの曲を無料で配布しています。ここでは、YouTube Studioで簡単に曲をBGMとして利用する方法を解説します。

❶ 動画にBGMを付けたいときは、動画エディタ画面で「音声」をクリックします。

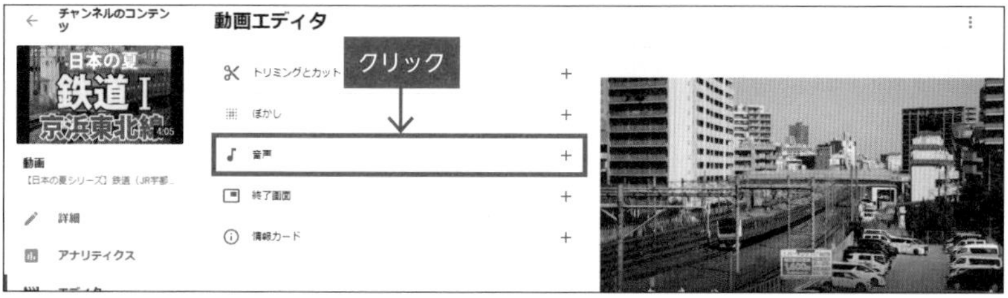

❷ 検索欄をクリックすると、どの項目を検索するかを選択するメニューが表示されます。ここでは「ジャンル」をクリックします。

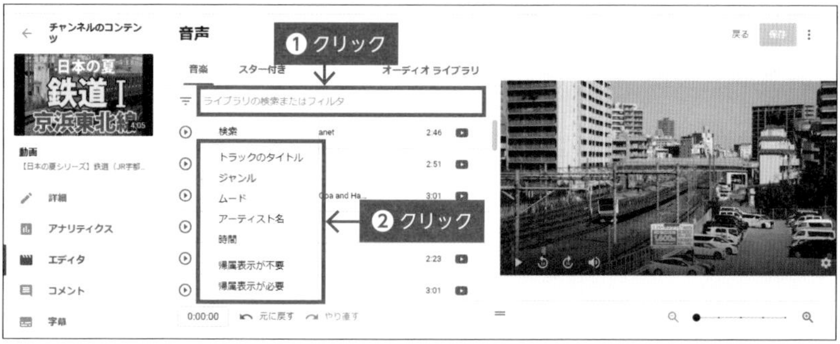

❸ 好みのジャンルをクリックしてチェックを付けて、「適用」をクリックします。

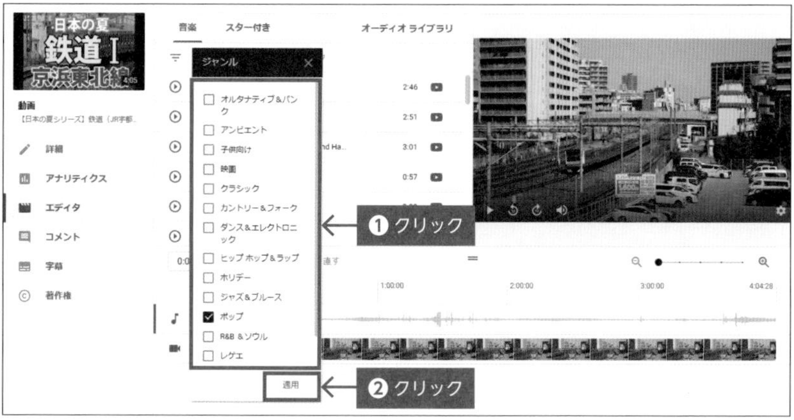

❹ 曲名のリストがずらりと並ぶので、左端の再生アイコンをクリックして試聴し、動画のイメージに合った曲を探します。よさそうな曲が見つかれば、「追加」をクリックして、タイムラインに曲を追加します。

❺ 曲は、動画の冒頭から再生されるように配置されます。「ミックスレベルを調整」をクリックすると、スライドバーが表示されるので、ドラッグして曲の音量を変更します。左にスライドさせると、曲の音量が下がり、もとの動画に含まれる音が大きくなります。

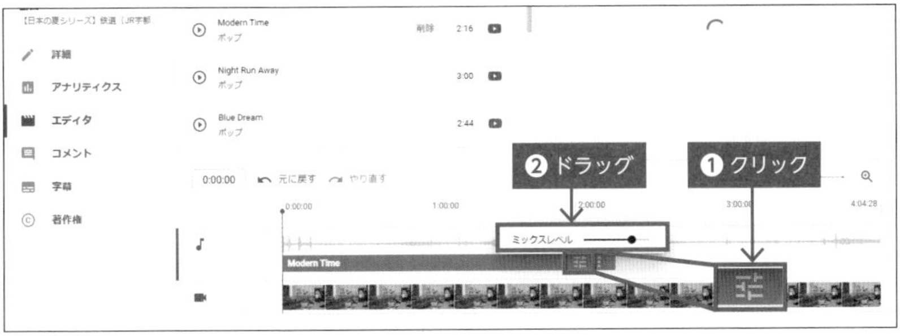

❻ 2曲目を追加すると、動画の冒頭から再生される位置に配置されます。このままでは1曲目と重なって聞こえるので、ドラッグして後ろにずらします。入らない場合は、終端（右端）を左にドラッグして曲を短縮します。

Section 013 プライバシーに配慮して動画の一部をぼかす

屋外の撮影では、第三者の顔や車のナンバープレートが映り込むこともあるでしょう。そのまま公開してはプライバシーの問題が生じてしまいます。そういう場合は、ぼかしを追加する機能を使いましょう。

顔を識別して自動でぼかす

動画に映り込んでいる顔をすべてぼかしたいときは、「顔のぼかし」機能を利用します。動画全体をスキャンして、顔のような部分を自動的に検出してぼかすことができます。

❶ 「動画の詳細」画面で「エディタ」をクリックして「動画エディタ」画面に移行します。次に「ぼかし」をクリックして「顔のぼかし」をクリックします。なお、「トリミングとカット」を実行した動画では、この機能は使えません。先にぼかしを実行する必要があります。

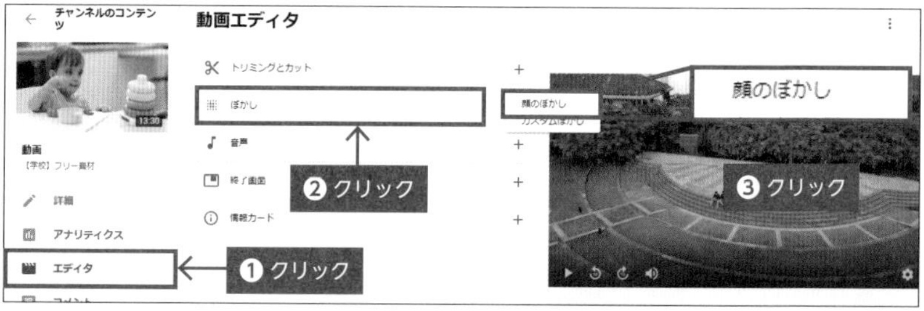

❷ 動画全体をスキャンして、顔のように見える部分が抽出されます。この中からぼかしたい顔をクリックして選択し、「適用」をクリックします。

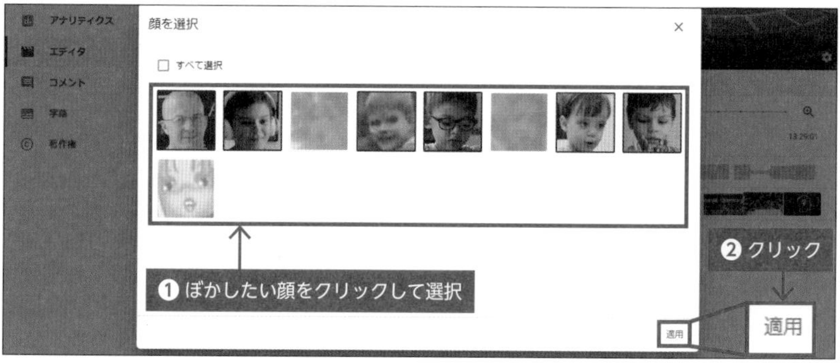

❸ プレビューで再生してみると、顔の部分にぼかしがかかっているのがわかります。なお、下のタイムラインには、どの部分でどの顔に対してぼかしがかかっているのかが表示されます。

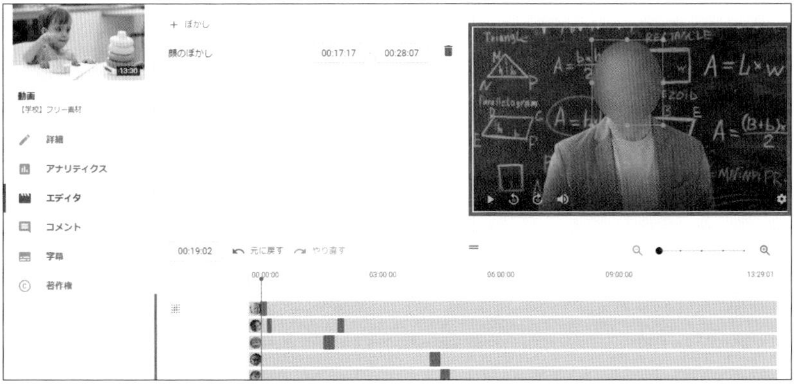

顔以外の部分をぼかす

前ページ手順❶で「カスタムぼかし」を選択すると、顔以外の部分をぼかすこともできます。背景が固定されていて、一部だけが動くような映像であれば、ぼかしを自動的に追尾させることも可能です。ここでは、操作画面の各部分の機能を説明しておきます。

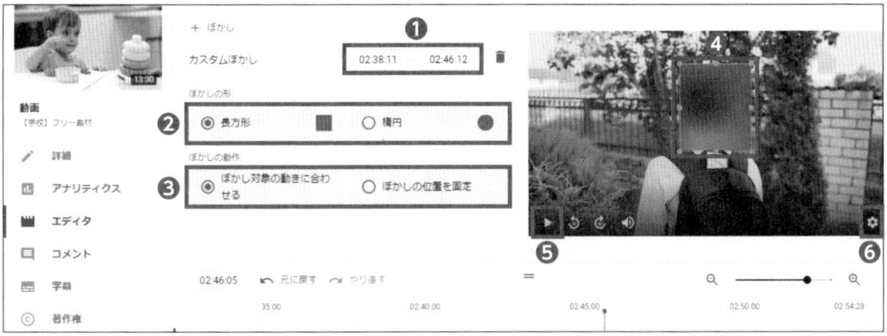

❶始点と終点	ぼかしが開始するタイムスタンプと終了するタイムスタンプが表示されます。ここに直接入力して、タイミングをずらすこともできます。
❷ぼかしの形	長方形か楕円かを選択します。
❸ぼかしの動作	ぼかしの対象が動いたときに追尾するか、映像中の一定の場所をぼかすのかを選択します。
❹ぼかし	ぼかしはこのように表示されます。全体をドラッグしてぼかす場所を移動したり、小さな青い円をドラッグしてぼかしの大きさを変更したりできます。
❺再生／一時停止	プレビュー画面を再生／一時停止します。
❻再生速度	クリックすると、再生速度を0.25倍から2倍まで選択できます。

3

Section 014 チャプターを設定して長い動画を見やすくする

長い動画では、適当なタイミングでチャプターを設定して、視聴したい場所まで簡単にジャンプできるようにすると親切です。チャプターはタイムスタンプとチャプター名を「説明」に入力するだけで設定できます。

チャプターを設定する

チャプターを設定するには、動画の「説明」に特定の書式にしたがってタイムスタンプとチャプター名を入力します。まず、タイムスタンプは「分：秒」の書式で入力しますが、すべて半角で「1:23」などとします。そして、半角スペースを挟んでからチャプター名を入力します。なお、最初のタイムスタンプは「0:00」で始め、チャプターは最低3つ設定しなければなりません。入力できたら、「保存」をクリックして更新します。

MEMO チャプター設定が反映されないときは？

正しくチャプターを設定しても単なるリンクになるだけで、チャプターとして認識されないことがあります。理由は不明ですが、作成して間もないアカウントでよく見られるようです。「動画の詳細」画面左下の「フィードバックを送信」からYouTubeのサポートに連絡してみましょう。

チャプターを利用する

❶ チャプターが正しく設定されていれば、再生画面下部にチャプター名が表示されるのでクリックします。

❷ 画面右にチャプターが表示されます。クリックすれば、そのチャプターから再生されます。

3

Section 015

動画に字幕を付ける

動画の音声が聞き取りにくい場合や音声を出さずに視聴してもらいたいとき、字幕を付けるといいでしょう。聴覚障害者の視聴にも役立ちます。ここでは手動で字幕を付ける方法を解説します。

字幕を手動で入力する

❶ 初回のみ、字幕の言語を選択する必要があります。「動画の詳細」画面で左の「字幕」をクリックし、「動画の字幕」画面でリストから「日本語」を選択して「確認」をクリックします。

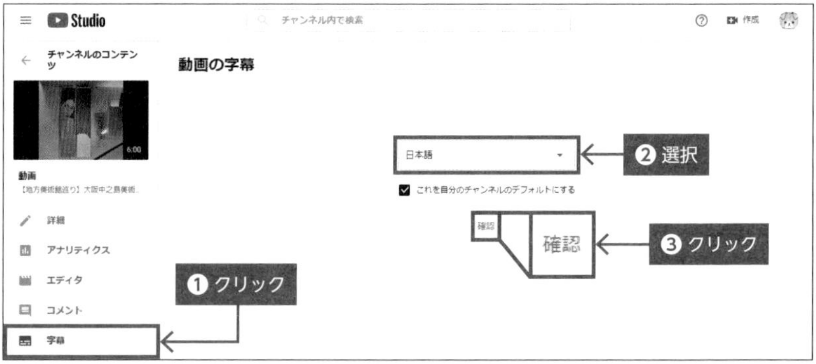

❷ 「日本語」が表示されたら、「字幕」の下の「追加」をクリックします。

MEMO

字幕を自動生成するには

会話が含まれている動画の場合、アップロードするだけで自動的に字幕が追加されることがあります。手動で入力しなくて済むので便利ですが、精度は今ひとつです。公開前にひととおり確認し、必要に応じて修正しておいたほうがいいでしょう。

❸ 字幕の追加方法を選択します。ここでは、「手動で入力」をクリックします。

❹ 字幕として表示したい文章を入力して、表示の開始と終了のタイムスタンプを指定します。タイムライン上に表示されたバーをドラッグしても表示タイミングを変更できます。文章が入力できたら、「+」アイコンをクリックします。

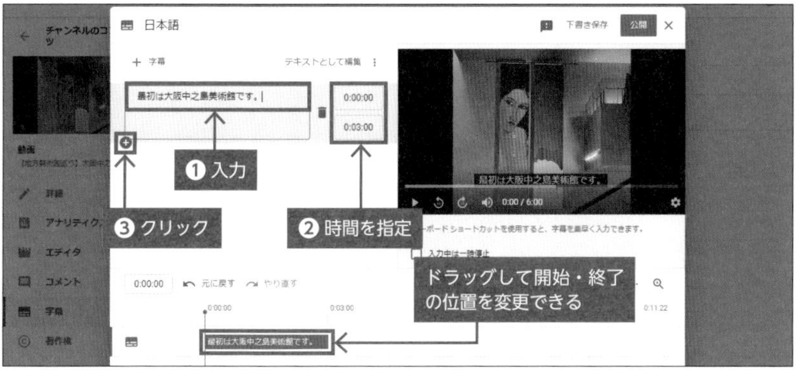

❺ 残りの字幕を入力できたら、右上の「公開」をクリックします。これで字幕が動画上で表示されます。

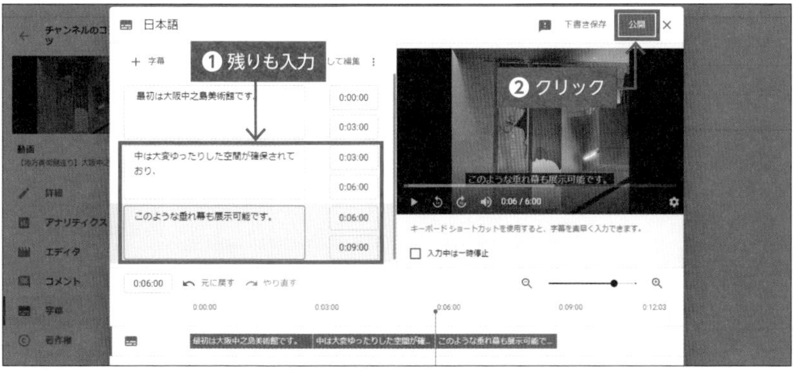

Section 016 動画の公開／非公開を切り替える

アップロードした動画は、動画内容や説明、字幕などの準備が整うまで非公開にしておきましょう。また、公開した動画に問題があるときは、とりあえず非公開に変更して視聴者に迷惑をかけないようにします。

動画を公開する

❶ 非公開の動画は、動画のタイトルのあとに「非公開」と表示されています。また、非公開の動画にはコメントを投稿することができません。

❷ YouTube Studioで「コンテンツ」をクリックして、アップロードした動画のリストを表示します。公開したい動画の上にマウスポインターを移動し、「公開設定」の「▼」をクリックします。

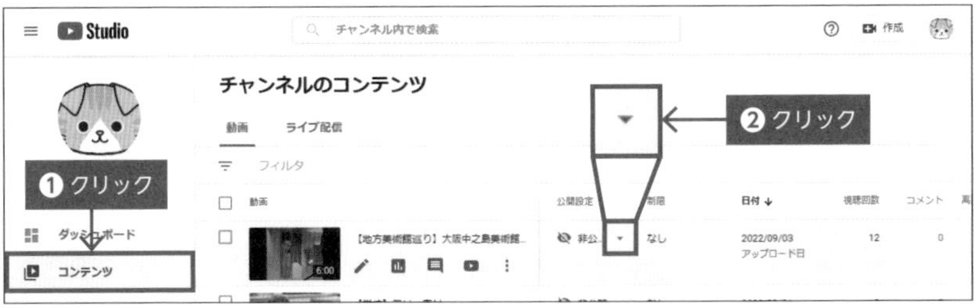

❸ 「公開」をクリックして選択し、右下の「公開」をクリックします。

❹ 動画が公開されました。タイトルの後ろに表示されていた「非公開」が削除されていることを確認しましょう。なお、公開中の動画を非公開にしたいときは、上の手順❸で「非公開」を選択します。

Section
017

家族や友人だけに動画を公開する

限られた人にだけ動画を視聴してもらいたいときは、限定公開に設定してURLを伝えるといいでしょう。視聴できる人をもっと厳しく制限したいなら、Googleアカウントで共有する方法もあります。

動画を限定公開に設定する

限定公開に設定された動画は、検索にヒットせず、チャンネルの動画一覧にも表示されません。視聴するには、動画のURLを直接ブラウザーのアドレスバーに入力する必要があります。

1. YouTube Studioの画面左で「コンテンツ」をクリックして、動画の一覧を表示します。そして、「公開設定」の「▼」をクリックします。

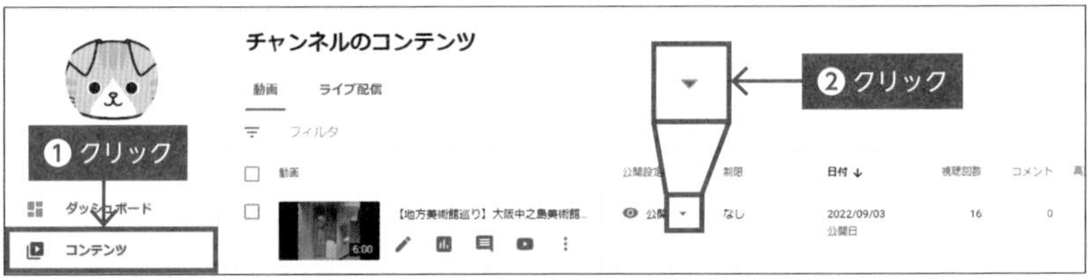

2. 保存設定のメニューが表示されるので、「限定公開」をクリックして選択し、右下の「保存」をクリックします。設定後の動画再生画面に移動して、「共有」からURLを取得して、見てもらいたい人に知らせます（44ページ参照）。

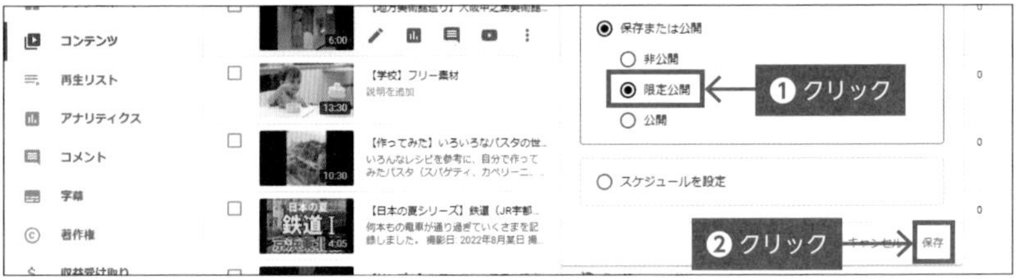

MEMO

限定公開なら第三者には動画を見られない？

限定公開はURLを知っている人全員が、その動画を視聴できます。そのため、URLを知った人がネットの掲示板などに投稿することで、無関係な人が視聴できてしまいます。これを防ぐには、次ページで紹介する方法を使うといいでしょう。

Googleアカウントで視聴者を制限する

❶ Googleアカウントで視聴者を制限する機能を使えば、無関係な人に見られてしまう可能性はかなり下がります。公開設定を選択するときに「非公開」を選択し、「動画を非公開で共有する」をクリックします。

❷ 動画の視聴を許可したい人のGoogleアカウントを入力して、「メールで通知する」にチェックを付け、右下の「完了」をクリックします。

❸ Googleアカウントを入力された人には、このようなメールが届きます。サムネイルには「再生できません」と書かれていますが、動画のタイトル部分をクリックしてYouTubeに移動してログインすれば視聴できます。なお、視聴するには、あとで作成したYouTubeのチャンネルアカウント（ブランドアカウント）ではなく、最初にYouTubeに登録したアカウントでログインする必要があります。

Section 018

日時を指定して公開予約する

投稿した動画をすぐに公開するのではなく、最初に非公開にしておき、あらかじめ設定した日時に公開する機能が提供されています。定期的に動画を投稿している場合、この機能を使って公開のタイミングをコントロールするといいでしょう。

公開スケジュールを設定する

❶ YouTube Studioの画面左で「コンテンツ」をクリックして、動画の一覧を表示します。そして、「公開設定」の「▼」をクリックします。

❷ 表示されたメニューで「スケジュールを設定」をクリックします。

❸ 次に公開日と公開時刻を設定します。日付の右の「▼」をクリックして公開日を設定し、その右に「0:00」の書式で時刻を入力します。

❹ 公開日時が設定できたら、右下の「スケジュールを設定」をクリックします。

❺「公開設定」が「公開予約」に変わり、「日付」には公開予定日と「公開予約」の文字が表示されます。もし非公開などに戻したいときは、左ページの手順❶のように「公開設定」の「▼」をクリックして設定を変更します。

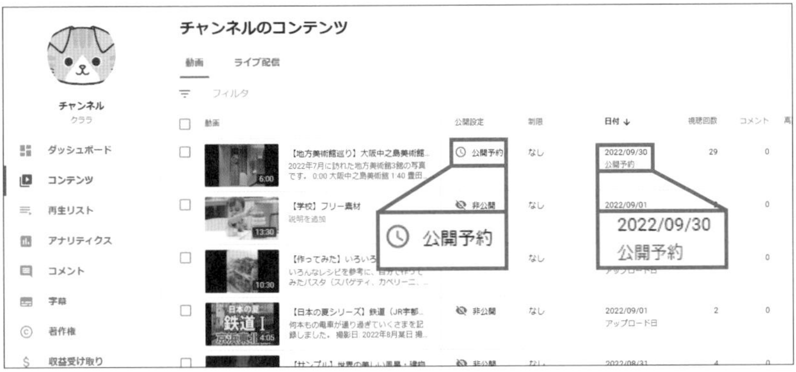

Section 019 動画を再生リストにまとめる

投稿した動画が増えてくれば、テーマごとにまとめて視聴してもらうために再生リストを作りましょう。自分の動画を登録して公開しておけば、検索でヒットしやすくなり、さらにアクセスが見込めます。

再生リストを作成して動画を登録する

❶ YouTube Studioの画面左で「コンテンツ」をクリックして、動画の一覧を表示します。そして、再生リストに追加したい動画のチェックボックスをクリックし、チェックを付けたら、「再生リストに追加」をクリックします。

❷ 画面中央に、すでに作成済みの再生リストが表示されます。ここでは新しく再生リストを作りたいので、下の「新しい再生リスト」をクリックします。

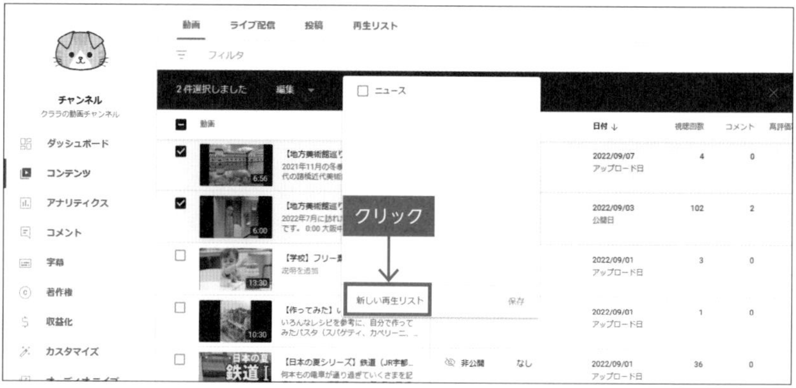

❸ 再生リストのタイトルを入力し、「公開設定」で「公開」または「限定公開」を選択して「作成」をクリックして、次の画面で「保存」をクリックします。

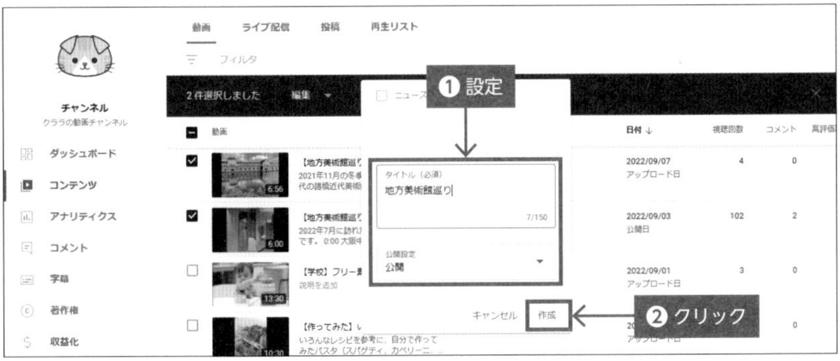

❹ 作成された再生リストをほかの人に知らせたいときは、トップページで左の「ライブラリ」をクリックし、目的の再生リストの「再生リストの全体を見る」をクリックします。

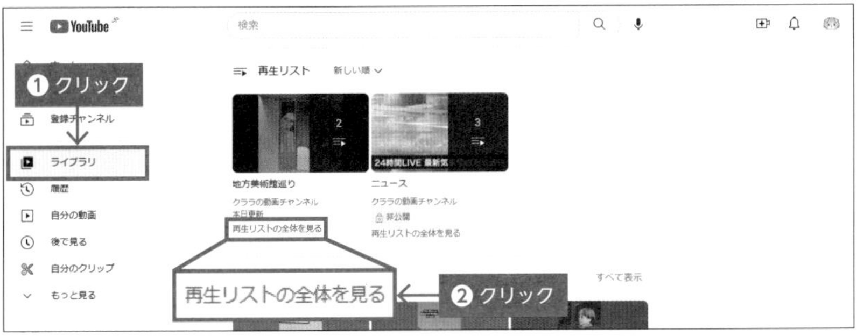

❺ 再生リストが表示されたら、「共有」アイコンをクリックして再生リストのURLをコピーします。あとは、メールやSNSなどに貼り付ければ、再生リストを告知することができます。

Section 020 投稿時に毎回使う設定を保存する

動画を投稿したときに設定すべき内容は多岐にわたります。設定し忘れや誤りを防ぐために、あらかじめデフォルトの設定を保存しておくといいでしょう。なお、スマホから動画をアップロードしたときは適用されません。

デフォルト設定を変更する

❶ YouTube Studioの画面左で「設定」をクリックします。

❷「設定」画面で「アップロード動画のデフォルト設定」をクリックし、「基本情報」の設定を行います。ここでは、「タイトル」や「説明」のひな型、「公開設定」、「タグ」のデフォルト設定が変更できます。

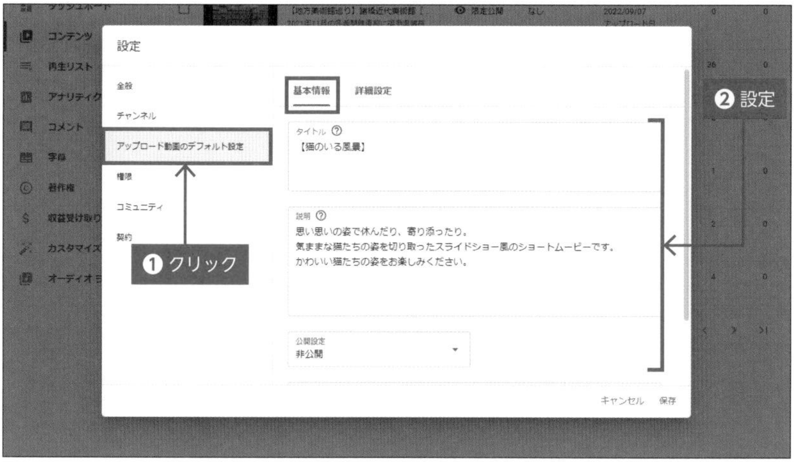

❸ さらに細かく設定するためには「詳細設定」をクリックします。そして、動画を登録する「カテゴリ」や「動画の言語」、コメントの扱いなどのデフォルト設定を実行できます。設定が完了すれば、右下の「保存」をクリックします。

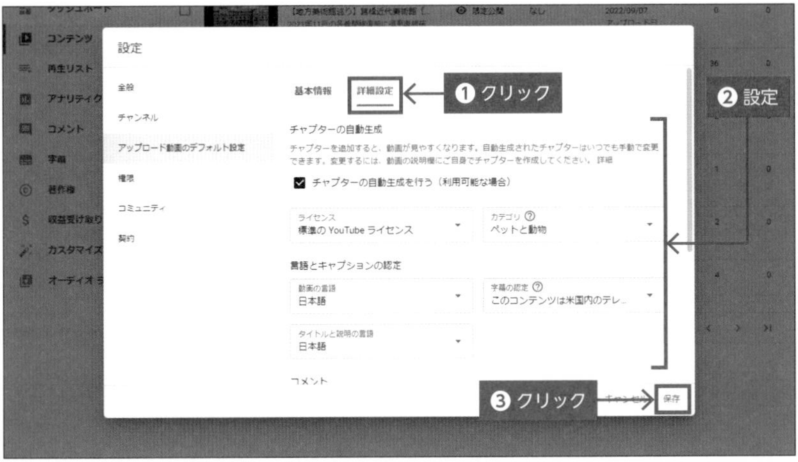

❹ デフォルト設定を行っておけば、動画をアップロードした画面ではこのように「タイトル」と「説明」が入力された状態になります。ここで、追記や修正を行ってから、右下の「次へ」をクリックすると便利です。

Section 021 投稿した動画を削除する

重複してアップロードした動画など、不要な動画は誤って公開してしまうことのないように削除しておくのが安全です。ただし、削除した動画は二度と復活できないので、必要な動画を削除しないように注意して操作しましょう。

間違わないように注意しながら削除する

❶ YouTube Studioの画面左で「コンテンツ」をクリックして、動画の一覧を表示します。削除したい動画の行にマウスポインターを合わせて、「⋮」アイコンをクリックします。

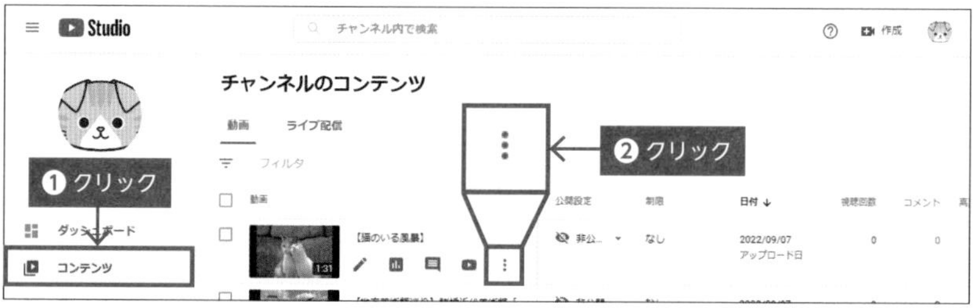

❷ 表示されたメニューの「完全に削除」をクリックすると、「この動画を完全に削除しますか？」というダイアログが表示されるので、確認して削除します。

MEMO

削除する動画をバックアップしておくには

動画のバックアップをとるには、上の手順❷で「ダウンロード」を選択します。元データを直接ダウンロードできるので、ほかのダウンロードサービスよりも確実で高速です。

第4章

チャンネルを活用して情報を発信する

Section 001 ハンドルを設定する

チャンネルについて詳しく解説する前に、ハンドルについて知っておきましょう。ハンドルは2022年に導入された新しい機能で、投稿者や視聴者を認識するための新しいしくみです。

ハンドルとは何か

ユーザーの識別には通常、チャンネル名が使用されます。チャンネルを作成してチャンネル名を設定しておくと、Googleアカウントとは別の名前で動画投稿やコメント投稿が可能になります。しかし、チャンネル名は重複してもかまわないため、同じチャンネル名を付ける「なりすまし」が可能で、ユーザーの識別ができないことがあります。

これに対して、ハンドルはユーザーごとに異なる文字列が割り当てられるので、なりすましを防げます。ハンドルが表示されるのは、ショート動画の投稿者名、コメントの投稿者名、チャンネルのホームなどです。本書執筆時点では、アカウントによってハンドル表示とチャンネル名表示が混じっていることがありますが、今後ハンドル表示に統一されると思われます。

ここでは、ハンドルの設定方法を解説します。

❶ ブラウザーで「youtube.com/handle」にアクセスし、「ハンドルを変更」をクリックします。

❷「ハンドル」に好きな文字列を入力します。使える文字は、英数字、ハイフン、アンダースコア、ピリオドのみで、URLに似た文字列などは使えません。入力できたら、「選択を確定」をクリックします。

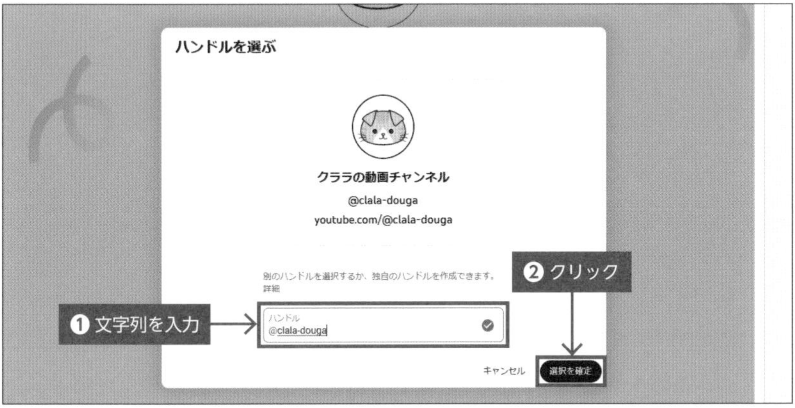

❸ コメントを入力すると、チャンネル名の代わりにハンドルが表示されます。なお、YouTubeにログインするアカウントによっては、チャンネル名が表示されることもあります。

ハンドルはチャンネルの宣伝にも使える

自分のチャンネルをほかのSNSなどで告知したいとき、「youtube.com/@(ハンドル)」のように短いURLを使うことができます。また、チャンネル名の近くにハンドルも表示されます。

Section 002 チャンネルの役割を知る

チャンネルの設定を変更する前に、チャンネルとはどういうものかを再度確認しておきましょう。チャンネルは1つのGoogleアカウントに対して複数作成でき、それぞれ独立して動画投稿や閲覧履歴の管理などが可能です。

Googleアカウント、YouTubeアカウント、チャンネルの関係

Googleアカウント（○○○@gmail.com）には、複数のYouTubeアカウントを紐づけることができます。そして、YouTubeアカウントに対してはチャンネルが1対1で紐づけられています。つまり、以下のような関係になっています。

この図では、YouTubeメインアカウントとチャンネルAは単独で削除できず、ブランドアカウント①〜③、およびチャンネルB〜Dは単独で削除可能です。

YouTubeアカウントは、チャンネルを作成することによって利用を開始します。最初のYouTubeアカウント（メインアカウント）に対して、2つ目以降のYouTubeアカウントは「ブランドアカウント」と呼ばれます。YouTubeアカウントを削除すると、チャンネルも削除されます。ブランドアカウントは個別に削除可能ですが、メインアカウントを削除すると、ブランドアカウントもすべて削除されることに注意しましょう。

MEMO　チャンネル削除は慎重に

ブランドアカウントの作成と削除は簡単ですが、何度も繰り返していると、そのGoogleアカウントではYouTubeが利用できなくなることがあります。必要以上に繰り返さないように注意しましょう。

チャンネル名は正しく設定しておく

前節でも述べたように、本書執筆時点ではログインに使用するYouTubeアカウントによって、従来どおりチャンネル名が主か、ハンドル表示が主かが異なります。そのため、動画投稿したりコメント投稿したりする前に、両方とも表示されてもよい文字列に変更しておく必要があります。ハンドルはデフォルトで「@user-」から始まるランダムな文字列に設定されますが、メインアカウントに紐づいたチャンネル名は自分の実名になっていることがあるので、注意しましょう。チャンネル名を変更したいときは106ページ、ハンドルの変更は100ページを参照してください。

チャンネルの名称は、多くの人に見てもらうために重要な要素です。ほかのチャンネルとなるべく重複しないように、入力しやすく、かつ検索にヒットしやすい文言にする必要があります。

MEMO　チャンネルのページでも表示されることがある

チャンネル名とアイコンは、ほかのユーザーのチャンネルのページでも表示されることがあります。通常は非公開になっていますが、設定を変更すると、自分が登録したチャンネルの一覧を表示できます。このときにチャンネル名とアイコンがチャンネル登録した人のチャンネルページで公開されます。

Section 003 チャンネルの各タブの機能を知る

動画を投稿し始めると、重要になるのがチャンネルのページです。投稿した動画をまとめて紹介できるので、多くの人に見てもらいたいなら各タブの機能を理解して、視聴者にとって役に立つ情報を提供できるように設定しましょう。

チャンネルのページには5つのタブがある

チャンネルのページにアクセスしたとき、最初に表示されるのが「ホーム」タブです。ここにどの要素を表示するか、どんな順番で表示するかを設定できます。視聴者に見てほしいコンテンツを配列するようにしましょう。

「動画」タブには、投稿した動画がずらりと並びます。通常は新しい順番に並びますが、人気順や古い順番に並び替えるには、「並べ替え」をクリックしてメニューから選択します。

「再生リスト」タブには、自分が作成した再生リストが表示されます。なお、「非公開」と表示されている再生リストは、ほかの視聴者には表示されません。

「チャンネル」タブには、通常は何も表示されませんが、設定を変更して自分が登録しているチャンネルを表示することも可能です。チャンネルを複数公開している場合は、それらのチャンネルに登録してここに表示すると、視聴者に見てもらいやすくなります。

「概要」タブには、チャンネルの説明やYouTube以外のサイトやブログ、SNSなどへのリンクを設定したり、メールアドレスを表示したりできます。

Section 004 チャンネルの名前や説明を設定する

チャンネルの機能がわかったら、名前や説明を実際に設定してチャンネルをカスタマイズしてみましょう。YouTube Studioでチャンネルを切り替えることもできます。

チャンネルをカスタマイズする

❶ まずYouTube Studio（https://studio.youtube.com/）にアクセスして、画面左の「カスタマイズ」をクリックします。

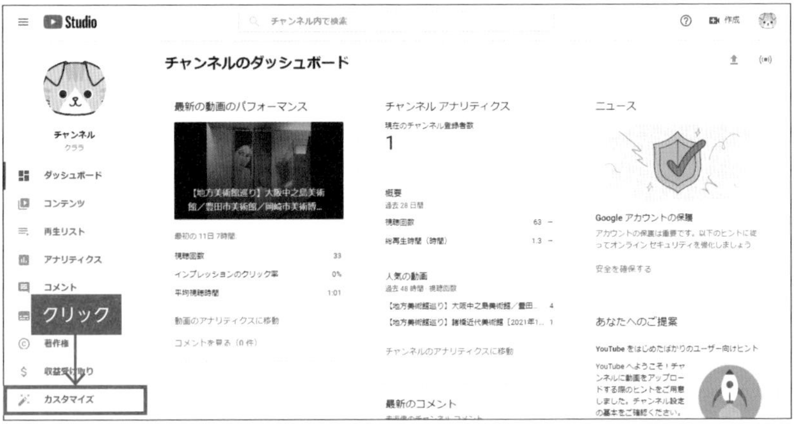

❷「チャンネルのカスタマイズ」画面が表示されるので、「基本情報」タブをクリックし、チャンネル名の右にある鉛筆型アイコンをクリックします。

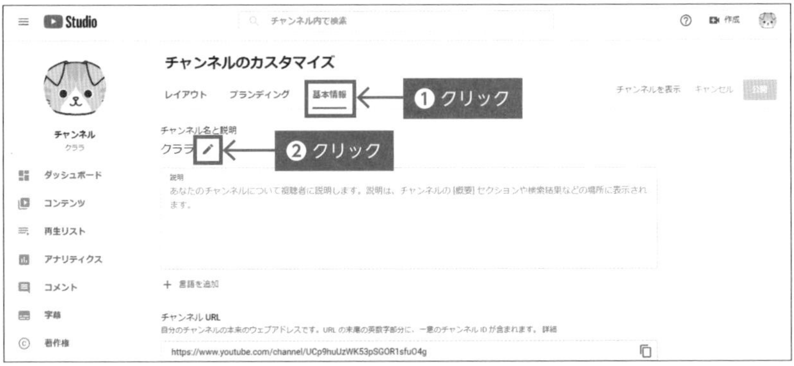

❸「名前」に変更後のチャンネル名、「説明」にチャンネルについての解説を入力して、右上の「公開」をクリックします。設定できたら、「チャンネルを表示」をクリックして、正しくカスタマイズできたかを確認しましょう。

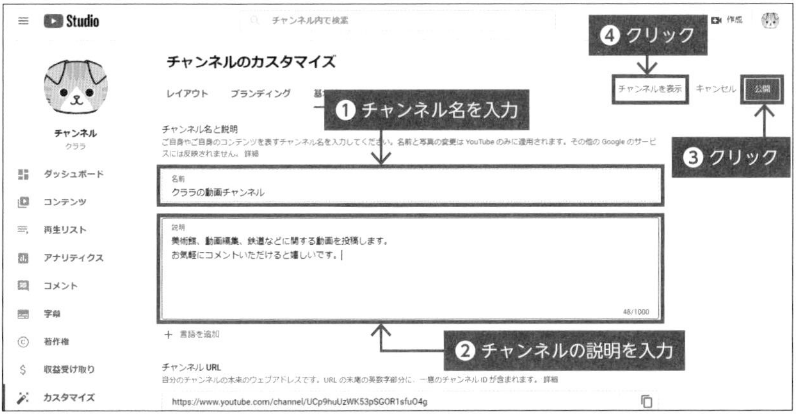

❹チャンネルのページが表示されました。チャンネル名が変更されているのがわかります。「概要」をクリックすると、「説明」には先ほど入力した文章が反映されているのが確認できます。

MEMO

YouTube Studioでチャンネルを切り替える

もし右上に表示されているアイコンが、設定を変更したいチャンネルのものではない場合、アイコンをクリックして「アカウントを切り替える」を選択します。

Section 005 チャンネルの紹介動画やおすすめ動画を追加する

チャンネルに登録すると、そのチャンネルの動画がおすすめに上がりやすくなります。つまり、チャンネル登録者を増やすと、動画の再生回数も増えることになります。ここでは、未登録者に対してアピールするため、チャンネルの紹介動画を登録してみましょう。

チャンネル未登録者向けの動画を登録する

❶ まだチャンネルに登録していないユーザーがチャンネルのページを表示したときに、チャンネルを紹介するための動画を登録するには、まずYouTube Studio（https://studio.youtube.com/）にアクセスして、左の「カスタマイズ」をクリックします。そして「チャンネルのカスタマイズ」画面の「レイアウト」タブで「チャンネル登録していないユーザー向けのチャンネル紹介動画」右の「追加」をクリックします。

❷「特定の動画の選択」画面で表示されている動画のサムネイルから動画を選択して「レイアウト」タブの「公開」をクリックします。上の検索ボックスにキーワードを入力して動画を検索することもできます。

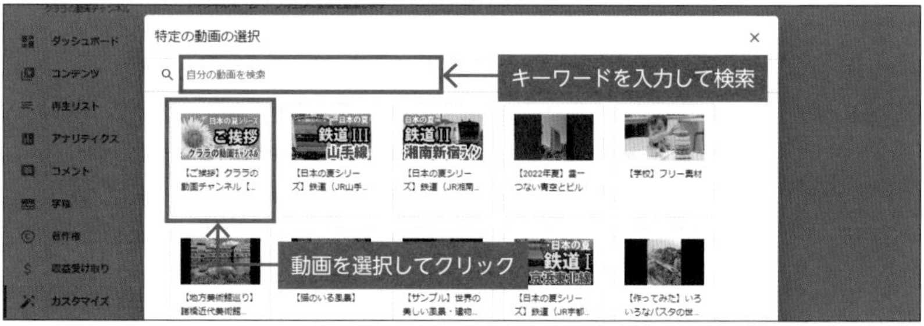

チャンネル登録者向けの動画を登録する

❶ チャンネル登録後、必ず見てほしい動画があれば、「チャンネル登録者向けのおすすめ動画」に登録すると再生されやすくなります。左ページと同様に「チャンネルのカスタマイズ」画面を表示し、「チャンネル登録者向けのおすすめ動画」右の「追加」をクリックします。なお、自分のチャンネルの動画だけでなく、ほかのチャンネルの動画も登録できます。

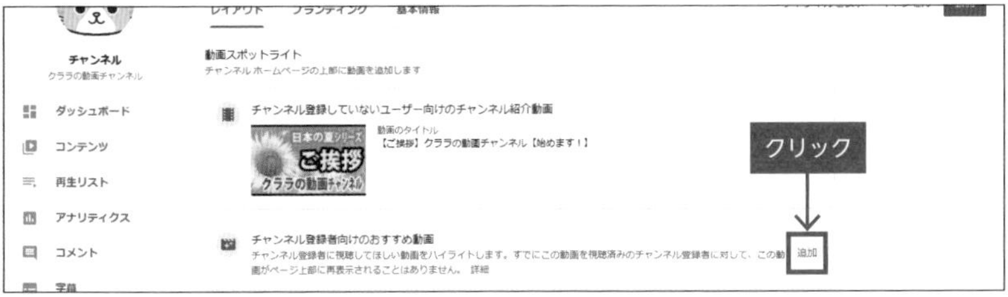

❷ サムネイルの中から登録したい動画を探して選択し、「レイアウト」タブの「公開」をクリックします。左の検索ボックスで表示中のチャンネルから、右の検索ボックスでほかのチャンネルから検索できます。

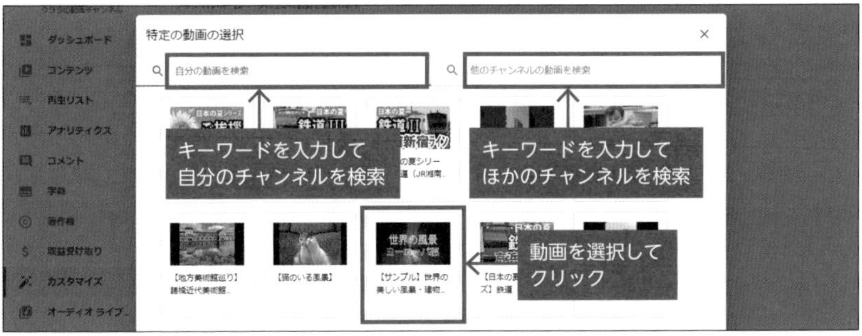

MEMO チャンネル登録前後でホームの表示が異なる

チャンネルに登録しているかどうかで、チャンネルのホーム画面に表示される内容が変わります。左はチャンネルに登録していないユーザーがホーム画面を表示したときの画面で、チャンネル未登録者向けの動画が表示されています。右は、チャンネル登録済みのユーザーの画面です。おすすめの動画だけが表示されています。

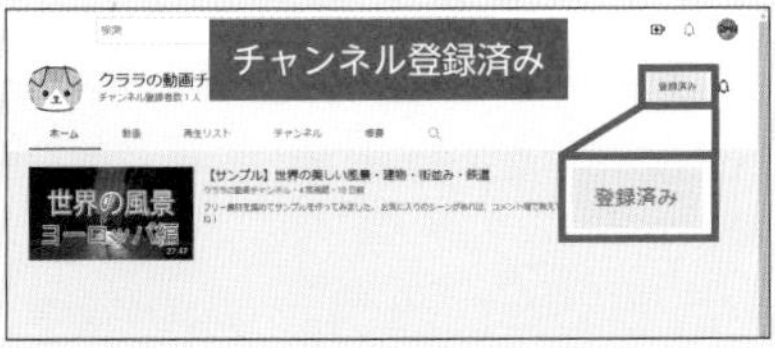

Section 006 「注目セクション」のレイアウトを変更する

チャンネルのホーム画面には、未登録者向け動画と登録者向けのおすすめ動画以外にも、人気の動画や再生リストなどを追加することができます。ここでは、何が追加できるのかと、追加する方法を解説します。

「注目セクション」に動画などを追加する

❶ YouTube Studio (https://studio.youtube.com/) にアクセスして、「カスタマイズ」をクリックして「セクションを追加」をクリックします。

❷ 追加できるアイテムのメニューが表示されるので、選択してクリックします。ここで、「人気のアップロード動画」は自分がアップロードした動画のうち、再生数の多い動画から順番に表示されます。「注目チャンネル」は、このページを訪れた人にチェックしてほしいチャンネルを表示するものです。もし動画投稿しているチャンネルが複数ある場合、ここに表示するとそのチャンネルの視聴者が増える可能性が高くなります。

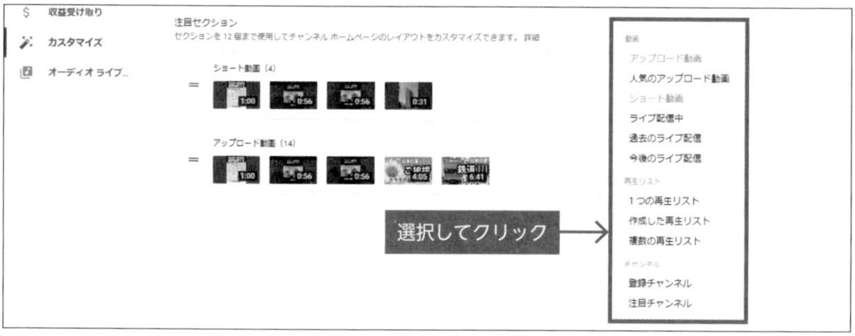

再生リストを追加する

❶ チャンネルのホームに再生リストを表示したいときは、まず再生リストを作成しておきます（40ページ参照）。次に、左ページの手順❷の画面で「1つの再生リスト」を選択し、下の画面を表示します。表示したい再生リストを選択してクリックします。

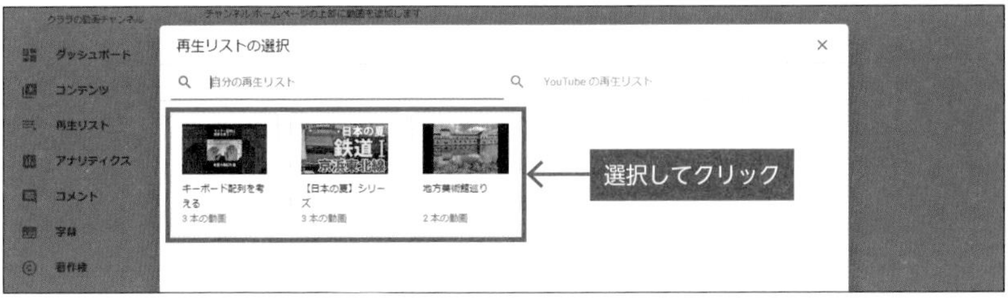

❷ このように「注目セクション」の最も下部に表示されます。

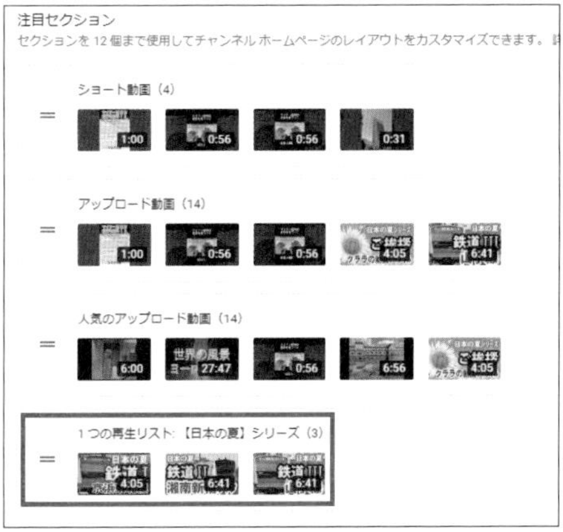

MEMO 「注目セクション」の表示順を変更する

チャンネルのホーム画面で表示するアイテムの順番を変更したいときは、「チャンネルのカスタマイズ」画面の「注目セクション」で各アイテムの左端にある「=」アイコンをドラッグして移動します。

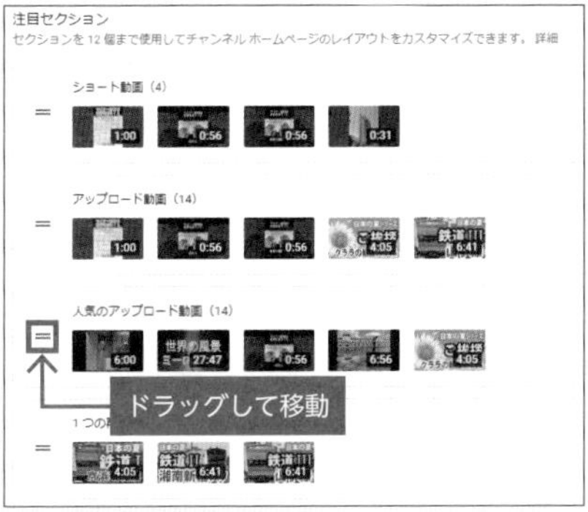

Section 007

プロフィール写真を変更する

チャンネルの判別で重要なのがプロフィール写真です。あまり大きく表示されることはありませんが、ほかのチャンネルとの差別化につながる第一歩なので、ほかのチャンネルの画像と区別しやすいものを使いましょう。

画像をアップロードして必要な部分だけ表示する

❶ プロフィールに設定したい画像をあらかじめ用意しておきます。画像の形式は、JPEG、GIF、PNG、BMPのいずれでもかまいません。ファイルサイズは4MB以下である必要があります。画像が用意できたら、YouTube Studio（https://studio.youtube.com/）にアクセスして、「カスタマイズ」をクリックして「チャンネルのカスタマイズ」画面で「ブランディング」タブをクリックします。そして、「写真」の「変更」をクリックします。なお、もしプロフィール写真を設定していない場合は、「アップロード」をクリックします。

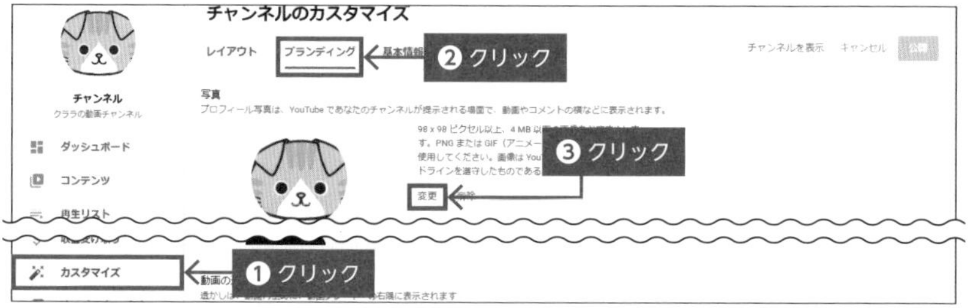

❷ ファイルのアップロード画面が表示されるので、画像ファイルを指定してアップロードします。すると、下の画面が表示されるので、表示する部分を決めます。四隅の矩形を内側に向けてドラッグすると、画像の中で表示される部分が小さくなるので、アイコンなどで拡大表示されます。四隅以外をドラッグすると、表示する場所を変更できます。

❸ 表示したい部分が決まったら、右下の「完了」をクリックします。プロフィール写真は小さく表示されることが多いので、たとえば全身の入った写真を設定すると、誰の写真なのか、ほとんど判別不能になります。顔だけを入れるなどの工夫が必要です。ここでは、イラストの一部を切り取って表示し、判別しやすくしています。

❹ プロフィール写真の表示に問題がなければ、右上の「公開」をクリックして確定します。

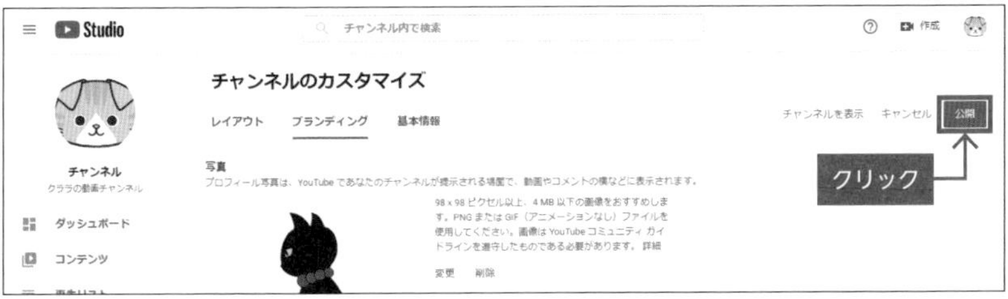

MEMO

大きすぎる画像は「フォト」で縮小する

最近のスマホで撮影した写真をそのままパソコンに取り込むと、プロフィール写真のアップロード上限である4MBを超えてしまいがちです。それではアップロードできないので、「フォト」などフォトレタッチアプリでサイズを縮小しましょう。

ここでは、「フォト」で写真を読み込んでから「…」をクリックして「サイズ変更」を選択します。次の「画像のサイズ変更」画面で「プロフィール画像やサムネイルに最適」をクリックすれば、画像のサイズが縮小できます。

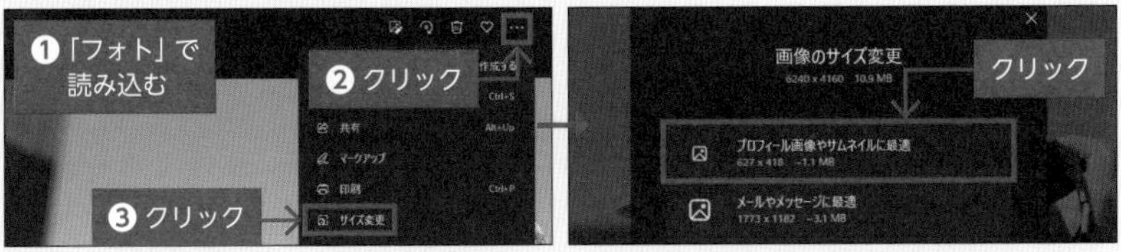

Section 008 バナー画像を設定する

バナー画像はチャンネルのホーム画面上に表示されます。プロフィール写真ほど表示される機会は多くありませんが、大きく表示されるので、訪問者に対して印象的な画像を用意してアピールするようにしましょう。

画像をアップロードして表示領域を調整する

❶ バナーに設定したい画像をあらかじめ準備しておきます。画像の大きさは1024×576ドット以上であれば設定可能ですが、2048×1152ドット以上が推奨されています。また、ファイルサイズは6MB以下に縮小する必要があります。
画像が用意できたら、YouTube Studio（https://studio.youtube.com/）にアクセスして、「カスタマイズ」をクリックして「チャンネルのカスタマイズ」画面で「ブランディング」タブをクリックします。そして、「バナー画像」の「アップロード」をクリックします。もしすでに設定済みの画像を変更したい場合は「変更」をクリックします。

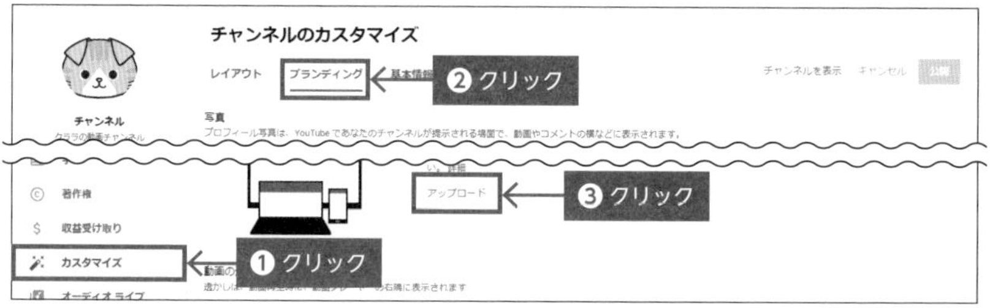

❷ ファイルのアップロード画面が表示されるので、画像ファイルを指定してアップロードします。下の画面が表示されるので、表示する部分を決めます。

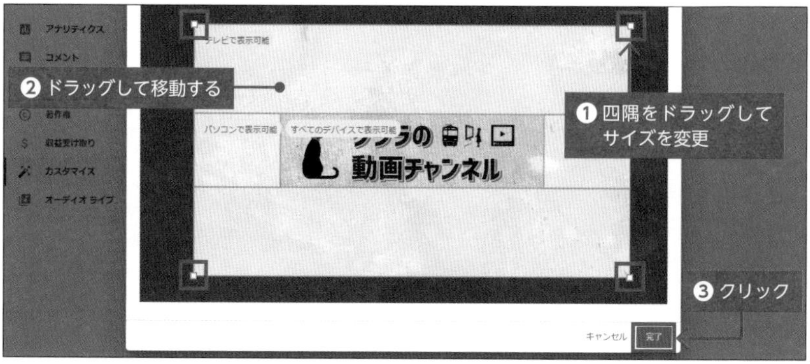

❸ 設定したバナー画像を現在のチャンネルのホーム画面に反映します。右上の「公開」をクリックして、「チャンネルを表示」をクリックします。

❹ チャンネルのホーム画面が表示されました。左ページの手順❷で設定した画像が反映しているのを確認します。

MEMO

バナー画像を作るには

バナー画像の中央部分は、どの環境でも必ず表示されます。そこにチャンネル名称やイラストなどを配置すれば、バナー画像としては十分でしょう。なお、この画像の制作には「Adobe Express」というサービスを利用しています。ここで使用している画像は、イラストを除き、無料で使える基本機能のみで作成できます。

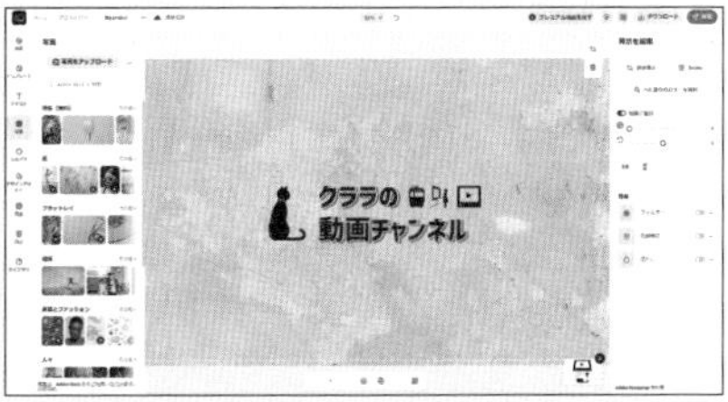

Section 009 動画にロゴなどの透かしを挿入する

YouTubeでの透かしとは、再生画面右下に小さく表示される画像のことです。パソコンのブラウザーとスマホの横向き画面でのみ表示されます。パソコンでは、チャンネル登録やチャンネルのページへのアクセスに利用できます。

透かしの機能をチェックする

❶ 透かしはスマホでは単に表示されるだけで、タップしても何も起こりませんが、ここではパソコンで操作してみましょう。マウスポインターを合わせます。

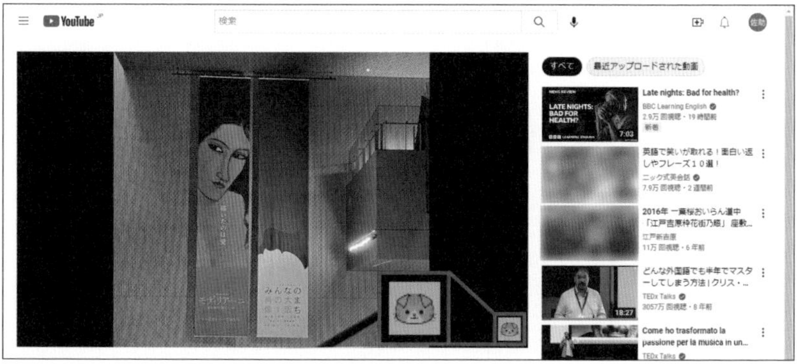

❷ すると、透かしがやや濃くなり、左に「チャンネル登録」と表示されます。ここで画像をクリックすると、チャンネルのホーム画面が表示され、「チャンネル登録」をクリックすると、チャンネルを登録できます。

透かし用の画像をアップロードして設定する

❶ 透かしに設定したい画像をあらかじめ準備しておきます。画像は正方形に切り抜かれるので、切り抜いたときに正しく表示される画像が望ましいでしょう。また、ファイルサイズは1MB以下に縮小する必要があります。画像が用意できたら、YouTube Studioで「カスタマイズ」→「ブランディング」→「動画の透かし」の「アップロード」の順にクリックします。

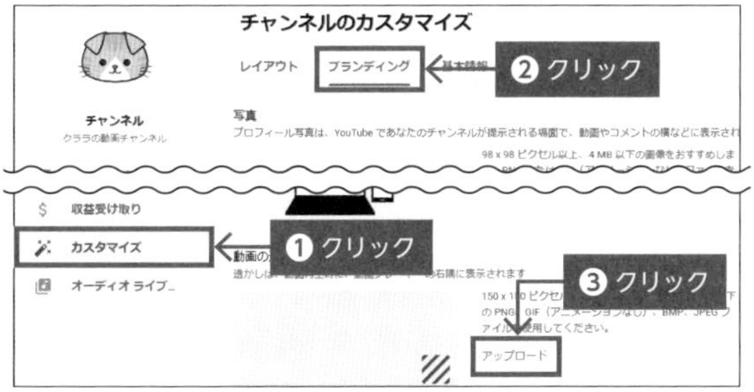

❷ ファイルのアップロード画面が表示されるので、画像ファイルを指定してアップロードします。下の画面が表示されるので、表示する部分を決めます。

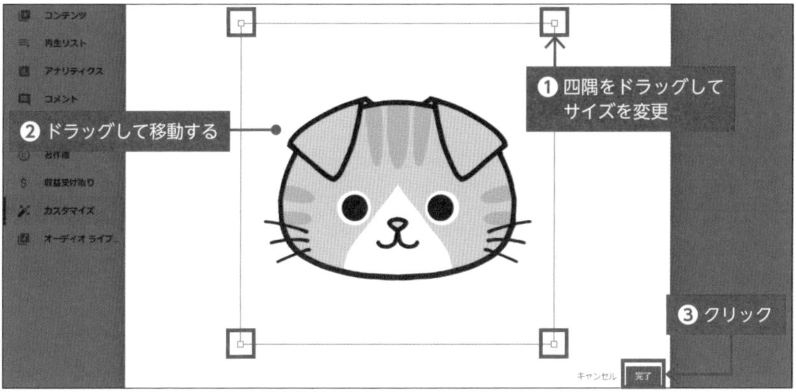

❸「表示タイミング」を選択して、右上の「公開」をクリックします。「動画の最後」を選択すると、動画の末尾5秒間のみ、「開始位置を指定」を選択すると、再生を開始して何秒後に透かしが表示されるかを設定できます。設定できたら、右上の「公開」をクリックして設定を反映します。

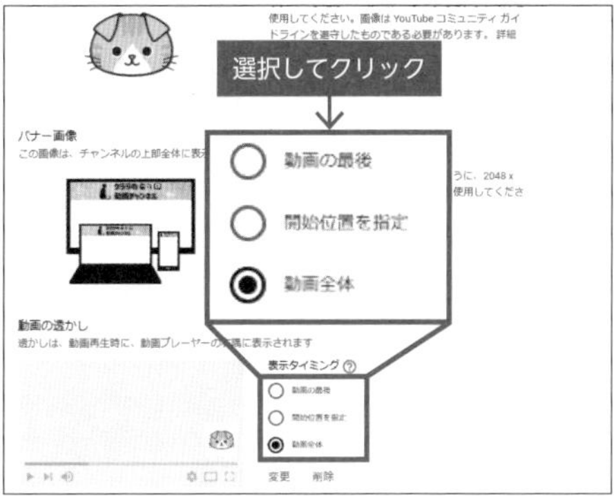

Section 010 ウェブサイトやSNSのリンクを追加する

チャンネルや投稿者自身の紹介の一環として、自分のウェブサイトやSNSへのリンクをチャンネルの「概要」ページに設定しましょう。動画視聴回数アップには直接つながりませんが、自分のことを知ってもらうには有効です。

チャンネルの「概要」ページに表示する

❶ YouTube Studio（https://studio.youtube.com/）にアクセスして「カスタマイズ」をクリックし、「チャンネルのカスタマイズ」画面で「基本情報」タブをクリックします。そして「リンクを追加」をクリックします。

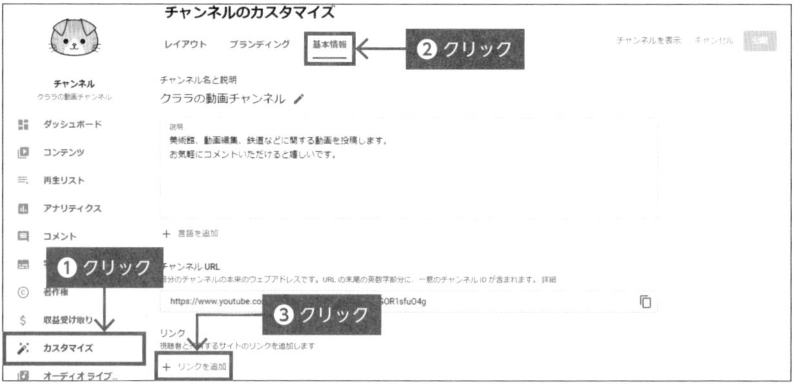

❷ 入力欄が2つ並んで表示されるので、「リンクのタイトル」にSNSの名前などを入力し、「URL」にSNSなどの自分のページを表示するためのURLを入力します。リンクを追加で入力したい場合は、もう一度「リンクを追加」をクリックします。

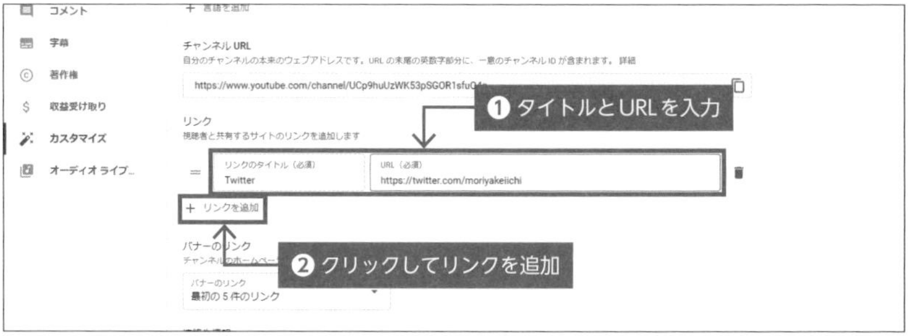

❸ 各リンクのタイトルとURLが入力できたら、右上の「公開」をクリックします。設定内容を確認するために「チャンネルを表示」をクリックしてみましょう。

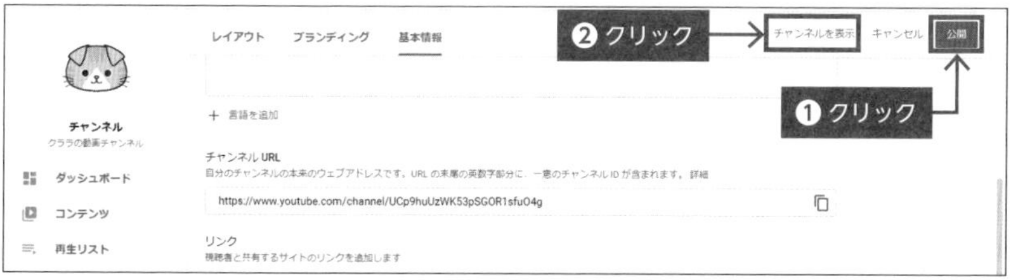

❹ チャンネルの「ホーム」画面が表示されます。「概要」タブをクリックすると、設定したリンクが表示されているのがわかります。また、右上にはバナー画像の右下にアイコン付きでリンクが並びます。なお、リンクを表示できるのは5つまでで、1つ目のリンクのみタイトルがアイコンの隣に表示されます。

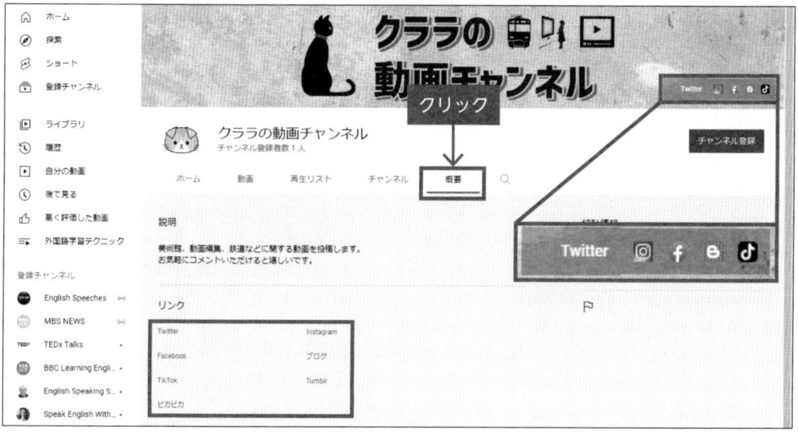

MEMO メールアドレスを表示するには

チャンネルのページを見た人から連絡をもらいたいときは、リンクの下にある「連絡先情報」にメールアドレスを入力しておきます。すると、「概要」タブに「メールアドレスの表示」という表示が現れるので、ここをクリックすればメールアドレスを表示できます。

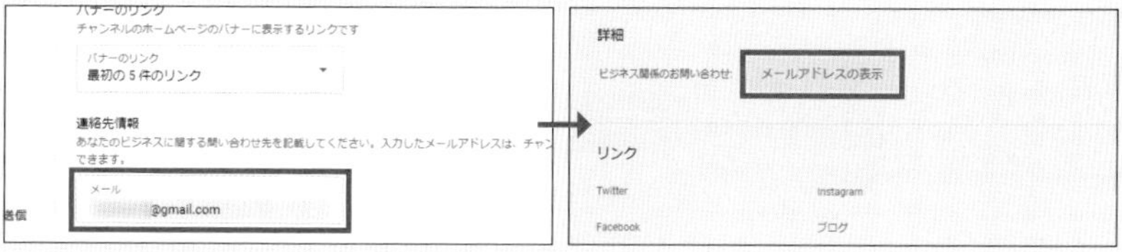

Section 011 視聴者からのコメントを確認する

視聴者からのコメントが増えてくるとうれしい一方で、内容確認の手間が増えてきます。ほかの視聴者に見せたくない内容であれば、削除などの措置をする必要があります。ここでは、コメント内容の手軽な確認方法を解説します。

動画に投稿されたコメントを確認する

❶ 各動画に付いたコメントを漏れなく確認するには、各動画のページを開いてみるより、YouTube Studioでまとめてチェックするほうが簡単です。YouTube Studio（https://studio.youtube.com/）にアクセスして、「ダッシュボード」をクリックして「チャンネルのダッシュボード」画面の「最新のコメント」を見ると、最新のものからコメントが表示されます。コメントに対してなんらかのアクションを起こしたいときは、左の「コメント」をクリックします。

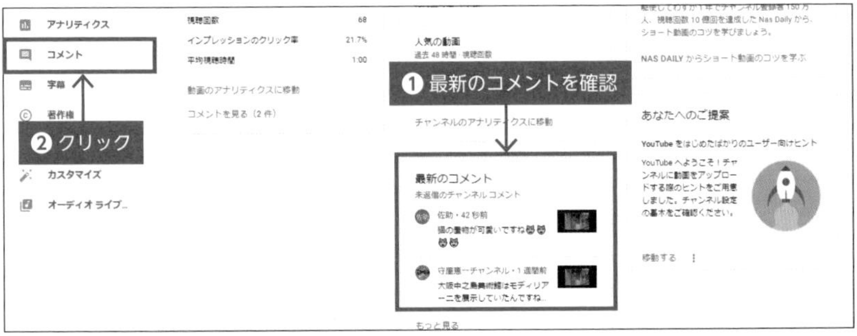

❷ どの動画にどのようなコメントが付いているのかが表示されます。初期状態では、返信・高評価・低評価・ハート（お気に入り）を付けていないコメントを抽出するフィルターが適用されています。「×」をクリックすると、フィルターが削除され、すべてのコメントが表示できます。また、その左のボタンをクリックすると、いろいろなフィルターでコメントを抽出できます。

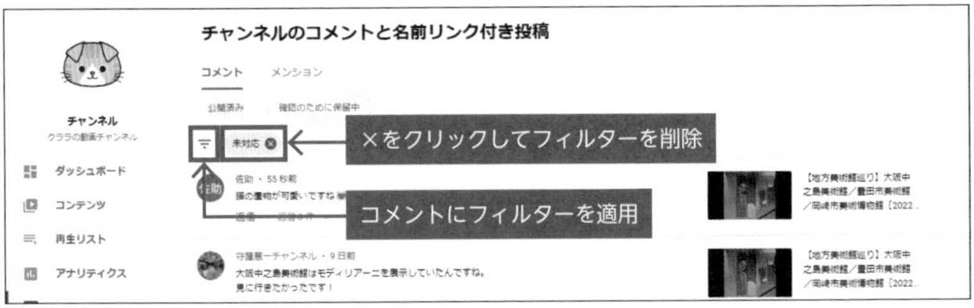

コメントに対して返信する

❶ 自分の投稿した動画では、各動画のページを表示することなく、左ページの手順❷の画面で返信することができます。「返信」をクリックして返信内容を入力し、右下の「返信」をクリックします。

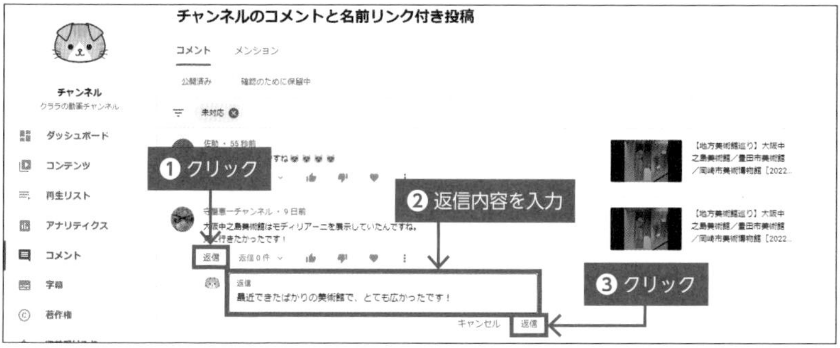

❷ 返信が投稿できました。なお、自分の返信は、チャンネル名が目立つように白抜きで表示されます。

MEMO

コメントを最上部に固定する

有用なコメントが投稿された場合は、「⋮」をクリックしてメニューの「固定」をクリックして、コメント欄の最上部に表示するといいでしょう。ただし、コメントの投稿者がそのコメントを削除したり編集したりできなくなります。

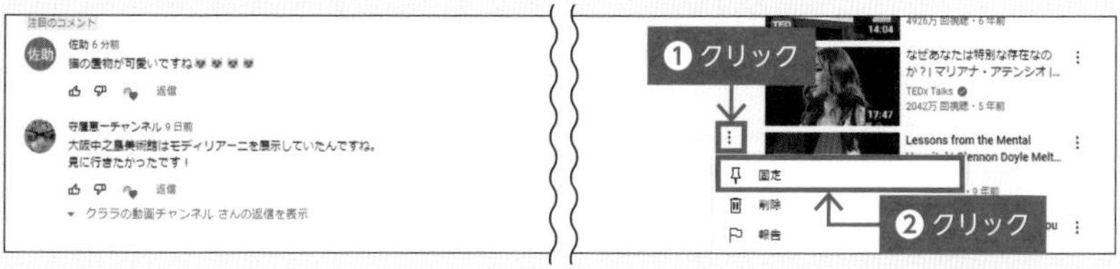

Section 012 コメントを承認制にする

もし内容に問題のあるコメントが頻繁に投稿されるようになったら、コメントを承認制にするといいでしょう。投稿されたコメントは、承認作業を実行するまでほかの視聴者に見えなくすることができます。

動画ごとにコメントの設定を変更する

❶ YouTube Studio（https://studio.youtube.com/）にアクセスして「コンテンツ」をクリックし、コメントの設定を変更したい動画の鉛筆型アイコンをクリックします。

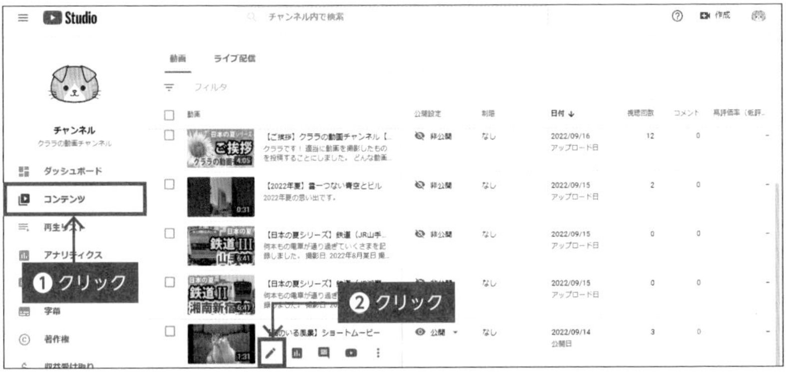

❷「動画の詳細」画面が表示されます。「コメントと評価」の「すべてのコメントを保留して確認する」をクリックして選択し、右上の「保存」をクリックします。

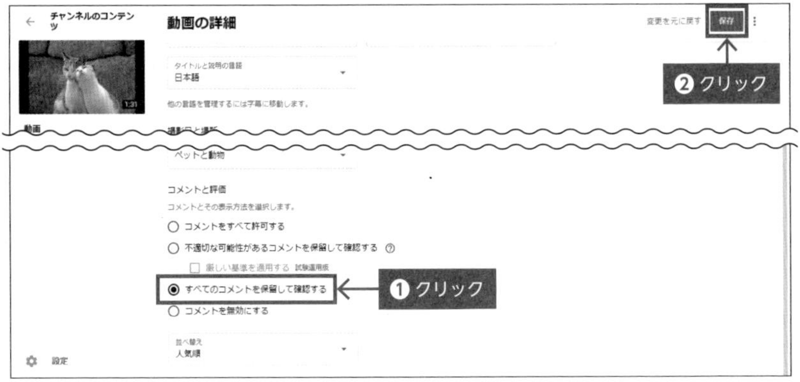

❸ 保留されたコメントは内容を確認して、公開するか削除するかを決めます。左側の「コメント」をクリックし、「動画のコメント」画面で「確認のために保留中」をクリックすると、保留されているコメントが下に一覧表示されます。コメントの下に表示されているアイコンのうち、いずれかをクリックして処理します。アイコンの意味は、左から①承認して公開、②削除、③スパムとしてYouTubeに報告、④非表示にする、となっています。

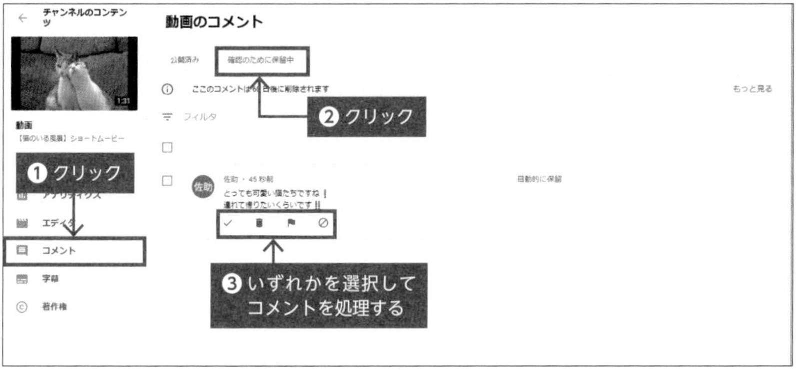

デフォルトのコメント設定を変更する

動画を投稿するたびにいちいちコメント設定を変更するのが面倒であれば、デフォルトの設定を変更してしまいましょう。

YouTube Studioの画面左下に表示される「設定」をクリックして、この画面で「アップロード動画のデフォルト設定」をクリックして「詳細設定」をクリックします。下にスクロールして「コメント」の「すべてのコメントを保留して確認する」をクリックして選択し、「保存」をクリックします。

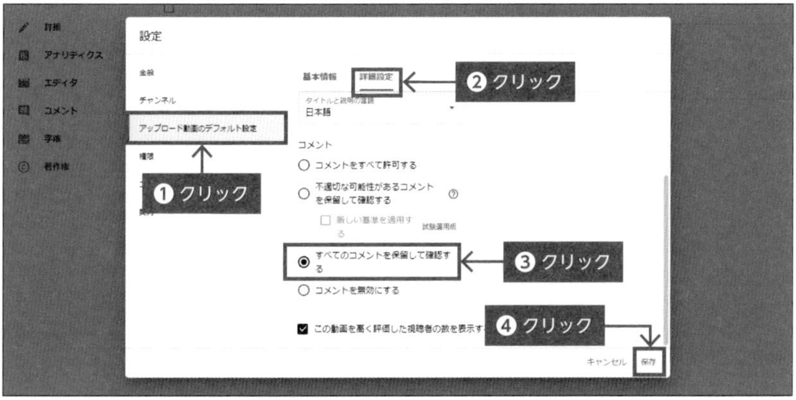

Section 013 迷惑なユーザーのコメントを非表示にする

問題のあるコメントを何度も書き込むユーザーが出てきた場合、そのユーザーのコメントを非表示にしましょう。この設定を適用すると、コメントがコメント投稿者本人にのみ表示され、ほかの視聴者には表示されなくなります。

コメントをほかの視聴者に見えなくする

YouTube Studio（https://studio.youtube.com/）にアクセスして左の「コメント」をクリックします。動画に付いたコメントが表示されるので、非表示にしたいコメントの「⋮」をクリックし、「ユーザーをチャンネルに表示しない」をクリックします。

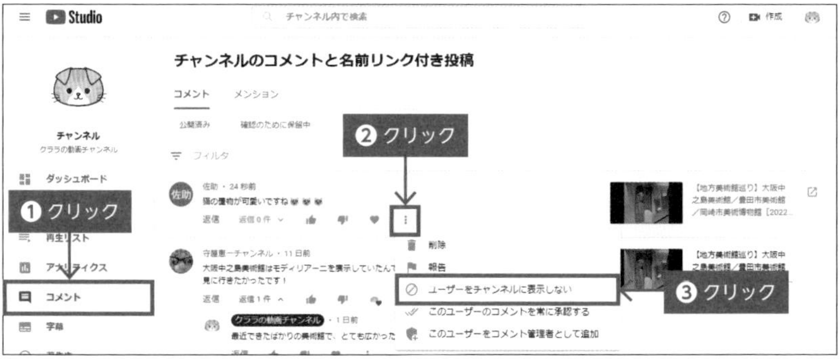

各動画のページからコメントを非表示にするには、非表示にしたいコメントの右にある「⋮」をクリックし、「ユーザーをチャンネルに表示しない」をクリックします。

非表示にしたユーザーを再度表示する

YouTube Studioの画面左下の「設定」をクリックして、「設定」画面を表示します。そして、「コミュニティ」をクリックして、「自動フィルタ」タブをクリックし、「非表示のユーザー」に非表示にしたユーザーが表示されているのを確認します。右の「×」をクリックすれば、再び表示されるようになります。

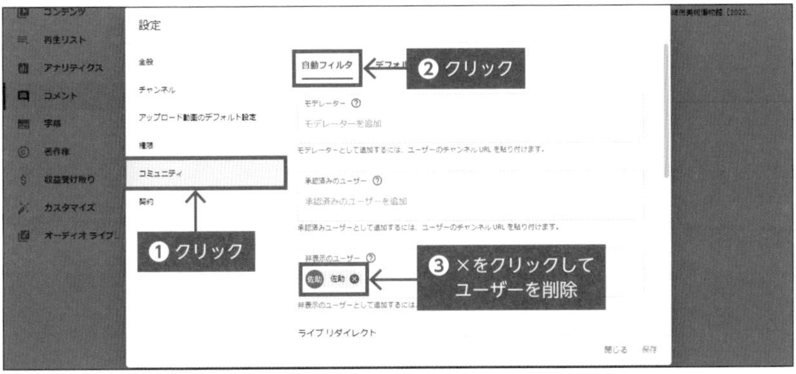

MEMO　コメントの表示順を変更する

動画に付けられたコメントは、通常評価が高い順番に上から表示されますが、新着順に表示するように設定できます。「動画の詳細」画面で「コメントと評価」の「並べ替え」でリストをクリックし、「新しい順」をクリックして選択します。なお、これはすべての動画の設定をまとめて変更することはできず、動画ごとに設定しなければなりません。

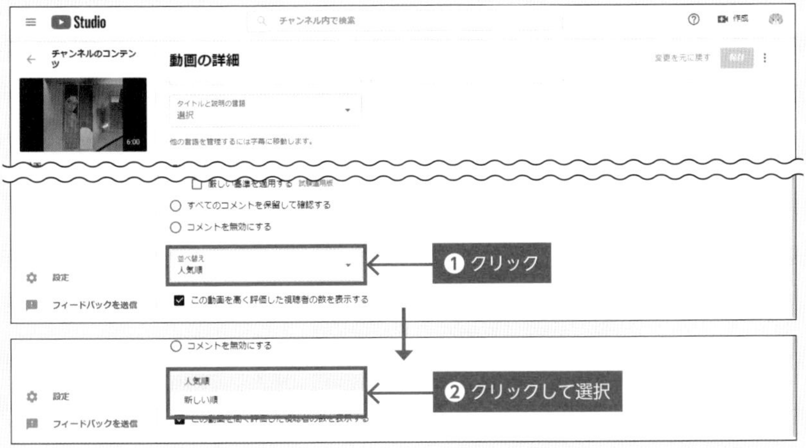

Section 014

コメントの不快な単語をブロックする

特定のユーザーのコメントに常に問題があるのではなく、コメントに含まれる単語が問題の場合、その単語を含むコメントだけをほかの視聴者に公開せず、保留する設定を使うと便利です。

特定の単語が含まれるコメントを保留する

❶ YouTube Studioにアクセスして左下の「設定」をクリックして「設定」画面を表示します。次に「コミュニティ」をクリックして「自動フィルタ」タブをクリックします。そして「ブロックする単語」に単語を入力します。複数の単語を入力する場合は、単語間にコンマや読点を入力することで、続けて入力可能です。入力できたら、右下の「保存」をクリックします。

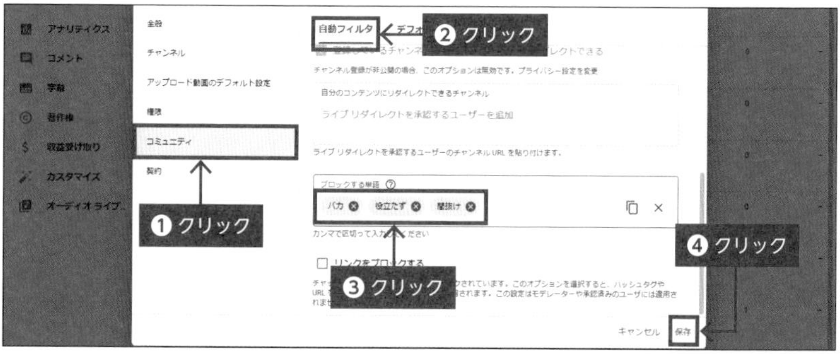

❷ 設定した単語を含むコメントが投稿されると、いったん保留されます。保留されたコメントを確認するには、YouTube Studioの画面左の「コメント」をクリックし、上の「コメント」タブをクリックします。そして、「確認のために保留中」をクリックすると、保留されているコメントが表示されます。あとはコメントの下のアイコンから対処方法を選択するだけです。このアイコンの意味は、123ページを参照してください。

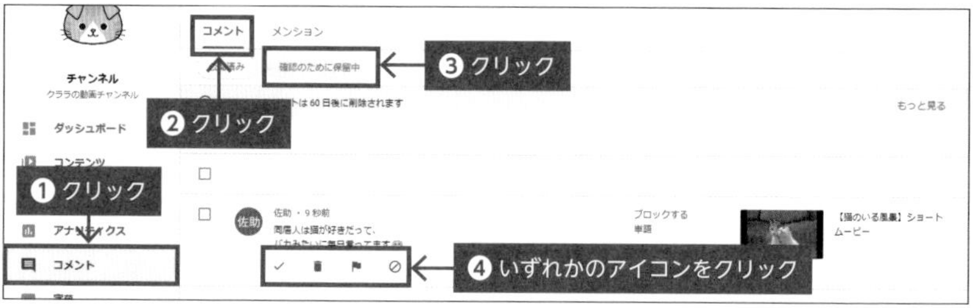

第5章

動画を編集して魅力を高める

Section 001 動画を編集するメリット

動画をYouTubeで公開するなら、ライブ配信のように撮影しながら配信する場合を除き、編集作業は基本的に必須です。編集作業で不要な部分を削除し、BGMやナレーションを入れることで視聴しやすくなります。

動画の編集とは何をする作業なのか

削除・結合・整序する

動画の編集作業において、最も重要なのが不要な部分の削除です。たとえば、料理手順の解説動画で30分煮込む必要があるからといって、30分撮影してそのまま動画に使うのはNGです。その動画を見ることを想像すればすぐに気づくでしょうが、視聴者は変化の少ない30分の映像をスキップすることになるでしょう。わざわざ視聴者にスキップさせるのではなく、編集時に削除することで動画のテンポが格段に改善されます。

また、撮影の都合で何回かに分かれていても、結合して1つの動画にしたほうがいいケースがあります。複数の動画に分かれていると、視聴者はページの移動を強いられるので、長くなりすぎない範囲で動画をまとめると、ページ移動が少なくて済みます。

複数の動画を結合する場合、順番を整えるのも重要な作業です。時系列で並べるのが基本ですが、何かの作り方を教えるハウツー動画では、最初にできあがったものを見せるとわかりやすくなりますし、ニュースを解説する動画では、ポイントの部分を先にまとめておくと最後まで見てもらいやすくなります。

文字を入れる

動画で扱うテーマについて解説を加えたいとき、動画の中で話すだけでは不十分なことがあります。また、うっかり間違ったことをいってしまったり、音声が聞こえにくかったりしたときは、字幕を付けると視聴者に誤解されにくくなります。健聴者だけでなく、聴覚障害者への配慮にもなるでしょう。

さらに、DVDビデオのように、文字と背景画像だけのタイトル画面を作って、凝った趣向を凝らすのも楽しいものです。

音声を編集する

視聴者にとって、音声の質は意外と重要です。音量が小さすぎて聞きづらい、雑音がひどくて何をいっているのかわからない動画を公開すると、すぐにほかの動画に離脱してしまうか、コメントに「音が小さい」などとクレームを書かれてしまいます。とくに、インタビューなど音声メインの動画で何をいっているのかが聞き取れないと、動画の評価が下がり、再生回数が増えにくくなります。

また、複数の動画を結合して1本にまとめた場合、それぞれの動画の音量が揃っていないままだと、視聴者がボリュームを調整しなければならず、不快に感じる原因になります。

映像は見てもらいたいが、音声を聞かせたくない場合、完全に音声をミュートにして無音の動画にするか、ミュートにしたうえでBGMを入れるなどして、視聴者が快適に見ることができるように工夫しましょう。

映像の一部を改変する

第三者の顔や車のナンバープレート、自宅の住所につながる情報など、視聴者に知らせたくないものが動画に映り込んでいる場合、ぼかすなどの加工処理が必要になります。

また、フィルターを適用して色合いを変更することで特別な意味を持たせることができます。たとえば、映像の一部をモノクロやセピア色にすることで、それまでとは異なる状況であることを示唆できます。

MEMO

もっと高度な編集をしたいなら

話すのがあまり得意ではないが、トーク動画を作りたいとき、編集でカバーする手があります。テンポよく話せなくても、喋っていない空白の部分を削除することで、動画としてのテンポがよくなります。また、動画の速度を少し上げることで、ゆっくり話すことしかできない人でも、早口で喋っているかのように感じられます。もし余裕があれば、1つのシーンを複数の視点から撮影し、それらを数秒ずつに短く切ってつなぎ合わせることで、さらに視聴者を惹きつけることができます。

このテクニックは、トーク動画だけでなく、ほかのジャンルの動画にも適用できます。編集作業がかなり煩雑になりますが、試してみる価値はあるはずです。

Section 002 動画の編集にはどんな方法がある？

パソコン向けの動画編集アプリには、Windows付属の無料アプリから年間数万円の使用料が必要なプロ向けアプリまで、さまざまなものが存在します。ここではパソコン向け3本とスマホ向け2本のアプリを紹介します。

パソコン用動画編集アプリ

動画編集アプリを使いこなすには、独特の用語や手順を覚える必要があります。一般的に、高価なプロ向けアプリほど操作が複雑なので、必要以上に高機能なアプリに手を出すのはおすすめできません。動画編集がはじめての人なら、最初に紹介する「ビデオエディター」で十分でしょう。使いたい機能が出てきてから、より高機能なアプリに乗り換えるようにしましょう。

ここで紹介したアプリ以外に、中級者向けとして「Adobe Premiere Rush」「Vrew」、上級者向けとして「Adobe Premiere Pro」「DaVinci Resolve」などがよく使われています。

ビデオエディター

「ビデオエディター」はWindows 10/11に標準搭載されており、無料で利用できます。動画のトリミングや結合、BGM・文字の追加、フィルターの適用など基本的な機能は搭載されていますが、タイムライン機能がないので、細かい調整は難しいといえます。

Clipchamp

Microsoftが無料で提供している動画編集アプリです。タイムライン機能を搭載しており、BGMや文字の表示タイミングを細かく調整できます。また、写真や動画、BGMを無料でダウンロードして利用することも可能です（一部有料）。

Filmora（フィモーラ）

多くのYouTuberが利用している有料の動画編集アプリです。さまざまな機能が使えるので、使いこなすだけでも大変ですが、どうしても使ってみたい機能があれば試してみてもいいでしょう。価格は、買い切り版で8980円です。

スマホ用動画編集アプリ

スマホ向けの動画編集アプリも多数提供されています。ここでは、無料で使えるアプリを紹介しますが、有料アプリの中にはパソコン向けアプリと同等の機能を持ったものもあります。スマホでの編集作業は面倒ですが、どうしても外出先で作業したいときは検討してもいいでしょう。

また、iPhone標準の「写真」アプリには、動画の前後を削除するトリミング以外に、フィルターが多数搭載されています。また、画面の一部を切り取ることも可能なので、ほかの動画編集アプリと併用すると便利でしょう。

iMovie（iPhone）

AppleがiPhone向けに無料で配布しているアプリです。多機能とはいえませんが、動画の分割、複数の動画の結合、速度・音量調整、文字の配置、フィルターなど、ひととおりの編集はこのアプリだけでできます。

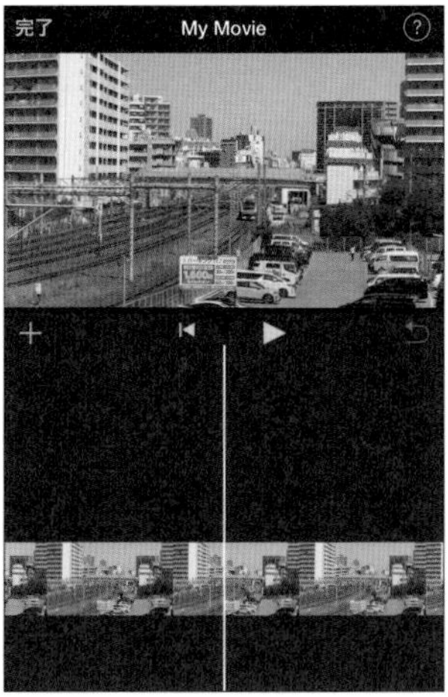

Quik（iPhone、Android）

カメラメーカーのGoProが無料で提供しているアプリです。複数の動画を指定するだけで、BGM付きの1本の動画にまとめることができます。バックアップや速度変更など高度な機能を使いたい場合は年額1080円の有料コースに登録する必要があります。

Section 003

Windows標準の「ビデオエディター」を使う

本書では、Windows 10/11に標準搭載されている「ビデオエディター」の使い方を解説しますが、まずは画面構成を紹介します。そして、起動方法にも触れておきます。使いたいときにサッと起動できるようにしておきましょう。

編集画面の構成

❶プロジェクト名	編集中の動画の名前を表示します。右の鉛筆型アイコンをクリックすると、変更できます。
❷プロジェクトライブラリ	この動画で使用する動画や写真をここに保存しておきます。
❸もとに戻す・やり直し	左の「もとに戻す」で操作をキャンセルしてもとに戻すことができます。右の「やり直し」でキャンセルした操作を再度実行できます。
❹BGM・カスタムオーディオ	「BGM」であらかじめ用意された音楽を追加します。「カスタムオーディオ」で自分で用意した音楽やナレーションなどの音声ファイルを配置します。
❺プレビュー	編集中の動画をここでプレビューして、内容を確認します。
❻前のフレーム・再生／一時停止・次のフレーム	動画のプレビューを再生／一時停止したり、コマ送りしたりします。
❼シークバー	現在の再生位置を示します。小さな円の部分をドラッグすると、好きな位置から再生できます。
❽ストーリーボード	動画や写真、タイトルカードをここに配置します。

ビデオエディターを起動する

ビデオエディターを起動するには、ほかのアプリ同様、スタートメニューから「ビデオエディター」を探してクリックするのが最もシンプルな方法です。

「フォト」アプリから起動する方法もあります。「フォト」のメニューの「ビデオエディター」をクリックすると、ビデオエディターが起動します。

Windows 11では、「フォトレガシの取得」をすると、「フォトレガシ」アプリからビデオエディターを起動できるようになります。

MEMO　知っておくべきショートカットキー

ビデオエディターを便利に利用するために、ぜひ知っておきたいショートカットキーが3つあります。それは、動画再生の一時停止／再生を切り替える「K」キー、1コマ戻る「J」キー、1コマ進む「L」キーです。とくに「J」キーと「L」キーは押し続けることで、再生や逆再生を行うことができるので、シークバーをドラッグするより簡単に必要な場面の頭出しができます。

Section 004 動画などのファイルを読み込む

ビデオエディターが起動できたら、動画を編集するための準備を行います。プロジェクト名を入力して、動画に使用する素材を読み込んでいきましょう。読み込むのは、撮影した動画および写真です。音声はここでは必要ありません。

起動してプロジェクト名を設定する

❶ ビデオエディターを起動して、「新しいビデオプロジェクト」をクリックします。

❷ プロジェクト名を入力し、「OK」をクリックします。プロジェクト名はどんな文字列でもかまいませんが、プロジェクトの数が増えてきたときのために、ほかのプロジェクトと識別できるような名前にするといいでしょう。

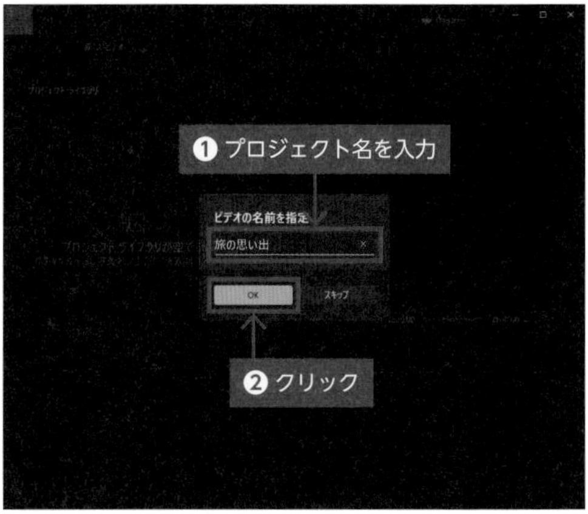

ライブラリに素材を読み込む

❶ 編集画面が表示されるので、ライブラリに素材となる動画や写真を読み込みます。「追加」をクリックして「このPCから」をクリックします。

❷ ファイル選択のダイアログが表示されるので、読み込みたいファイルをクリックして選択し、「開く」をクリックします。なお、複数のファイルを一度に選択して読み込むことも可能です。

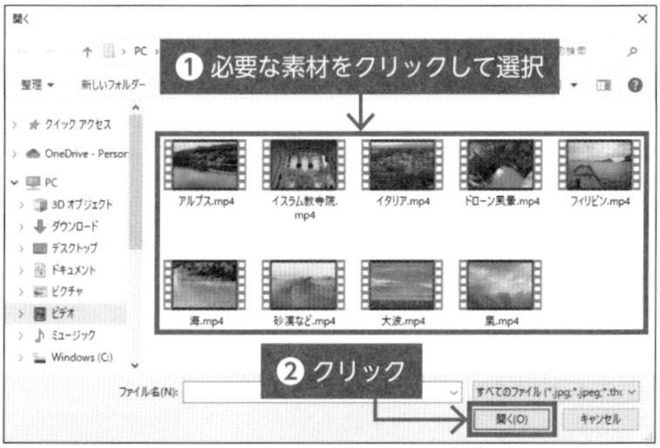

❸「プロジェクトライブラリ」に読み込んだ動画のサムネイルが表示されました。

Section 005 動画の前後をカットする

動画の前後を削除することをトリミングといいます。動画のテンポを上げて視聴者が飽きないようにするには、トリミングの作業が必須です。また、撮影の準備や後始末は、視聴者に不要な情報なので、トリミングして見せないようにしましょう。

動画をトリミングする

❶ トリミングしたい動画は、135ページの手順にしたがって、あらかじめプロジェクトライブラリに読み込んでおきます。そして、プロジェクトライブラリからストーリーボードにドラッグ&ドロップします。

❷ トリミングしたい動画をクリックして選択してから、メニューの「トリミング」をクリックします。

❸ シークバーをドラッグして映像を確認しつつ、必要な箇所だけが残るようにトリミングの開始と終了のバーをドラッグします。トリミング位置が確認できたら「完了」をクリックします。

❹ 「完了」後の画面に戻ると、動画の時間が短くなっているのがわかります。

MEMO

カットしたい部分が動画の途中にあるときは？

トリミングは動画の先頭または末尾を削除できますが、途中の部分を削除することはできません。まず動画を分割して不要な部分をトリミングで削除してから、結合します。分割や結合の方法については、次節を参照してください。

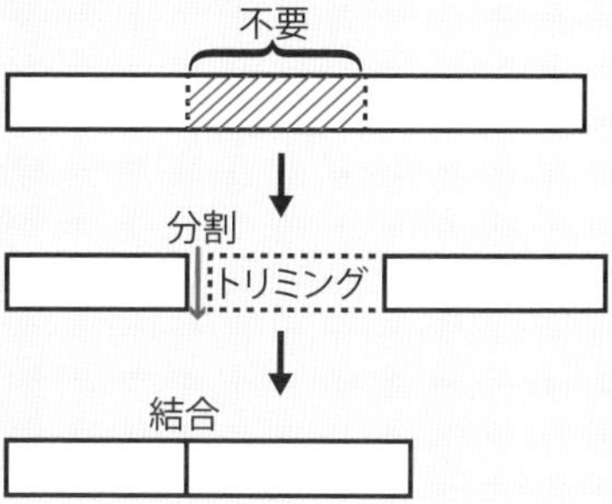

Section 006

動画を分割して順序を変更する

たとえば撮影済みの動画の途中に、あとで撮影した動画を挿入したいときは、挿入したい部分を分割する必要があります。動画を分割するには、分割したい箇所を決めてから分割操作を実行します。

動画を分割する

❶ 動画の途中をトリミングしたり、順序を変更したりしたいときは、動画をまず分割します。

❷ シークバーを左右にドラッグして、分割したい位置を決めて、右下の「完了」をクリックします。

動画の順序を変更する

❶ ストーリーボードに読み込んだ動画の順番を変更したいときは、サムネイルをドラッグ＆ドロップすることで変更できます。順序を変更したい動画を配置したい場所にドラッグ＆ドロップします。

❷ ストーリーボード上のサムネイルが入れ替わって、順序が変更できました。

MEMO

複数の動画を結合するには

複数の動画を結合したいときは、ストーリーボードに配置して書き出すだけで可能です。とくに、結合する操作は必要ありません。

Section 007 タイトル画面を追加する

　どんな動画かを視聴者に理解してもらうためには、最初にタイトルを表示するといいでしょう。「タイトルカード」という機能を使えば、無地の背景に文字を表示したタイトルを作成できます。

タイトルカードを追加して文字を表示する

❶ タイトルカードを追加したい場所の動画をクリックして選択し、「タイトルカードの追加」をクリックします。「タイトルカードの追加」が表示されていないときは、メニューの「…」を先にクリックします。

❷ タイトルカードが何秒間表示されるかを設定します。「期間」をクリックして、メニューから表示時間を選択します。なお、その下の入力欄に自分で数字を入力することも可能です。

❸ 次に文字を配置しましょう。「テキスト」をクリックします。

❹ タイトルカードに配置したい文字列を最上部の入力欄に入力し、その下の選択肢からデザインを選択します。中央以外に文字を配置したい場合は、「レイアウト」から選択します。デザインがうまく決まれば、その下の「完了」をクリックします。
なお、タイトルカードの背景色を変更したいときは「背景」をクリックして背景色を選択します。

MEMO 動画の上にもテキストを乗せられる

ここではタイトルカードの上に文字列を配置する方法を紹介しましたが、動画の上に表示することも可能です。上の手順❸でタイトルカードの代わりに動画を選択して、「テキスト」をクリックします。文字列を表示する時間をおおざっぱに決めることもできます。

Section 008

動画の色合い・速度・音量を調整する

たとえば動画にセピア色のフィルターを適用すれば、印象的なシーンを簡単に作れます。また、動画の再生速度や音量も変更可能です。BGMだけを聴いてもらったり、長時間の動画を早送りしたり使い道はいろいろ考えられます。

動画にフィルターを適用する

❶ フィルターをかけたい動画を選択して、「フィルター」をクリックします。

❷ 右側にフィルターが表示されるので、動画に適用したいものをクリックして選択します。自分のイメージと合っていたら、右下の「完了」をクリックします。イメージと合わない場合は、別のフィルターをクリックして適用します。

動画の再生速度を変更する

動画を早送りしたり、スローモーションにしたりしたいときは、動画をクリックして選択し、「速度」をクリックします。そして、「クリップの速度を設定する」スライドバーを左または右にドラッグします。

動画の音量を変更する

❶ 音量の調整を行うと、動画全体の音量を下げてBGMのみにしたり、小さくて聞こえにくい音の音量を上げたりできます。なお、動画の一部だけ音量を下げて聞こえないようにすることはできません。
音量の調整を実行したい動画をクリックして選択し、サムネイルの右下にあるスピーカーアイコンをクリックします。

❷ 音量のスライドバーが表示されるので、上または下にドラッグして音量を調整します。いちばん下まで下げると、音量はミュートされます。

Section 009 BGMを追加する

BGMは雰囲気を盛り上げるのに役立ちます。ビデオエディターに内蔵されたBGMなら簡単に追加できますが、YouTubeのオーディオライブラリなどから自分で用意した音楽ファイルも追加することができます。

あらかじめ用意されたBGMを選択する

❶ ビデオエディターに内蔵されているBGMを適用する場合は、ウィンドウ上部の「BGM」をクリックします。

❷ BGMのタイトルが一覧表示されます。タイトル左の「▷」をクリックして試聴し、適用したいBGMを決めます。「音楽の音量」スライドバーをドラッグして音量を決めたら、「完了」をクリックします。

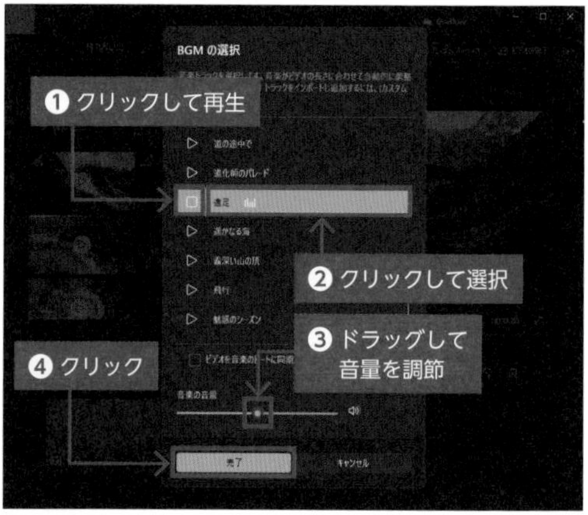

音楽ファイルをBGMとして追加する

❶ YouTubeのオーディオライブラリからダウンロードした音楽ファイルなど、動画のBGMとして使いたいときは、画面上部の「カスタムオーディオ」をクリックします。

❷「オーディオファイルの追加」をクリックして、音楽ファイルを指定すると、下に波形などが表示されます。音楽ファイルが動画全体よりも短いときは、下に表示されたバーをドラッグして再生開始位置を変更できます。なお、複数の音楽ファイルを追加することも可能です。操作が終われば、「完了」をクリックします。

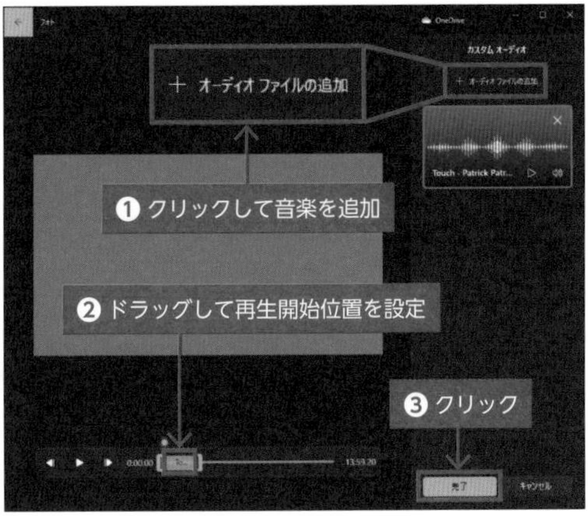

MEMO

フェードイン／フェードアウトを設定する

フェードインやフェードアウトを設定したいときは、上の手順❷で追加した波形右下のスピーカーアイコンをクリックして、「フェードイン」や「フェードアウト」をクリックし、チェックを付けます。なお、前ページで設定したBGMでは設定できません。

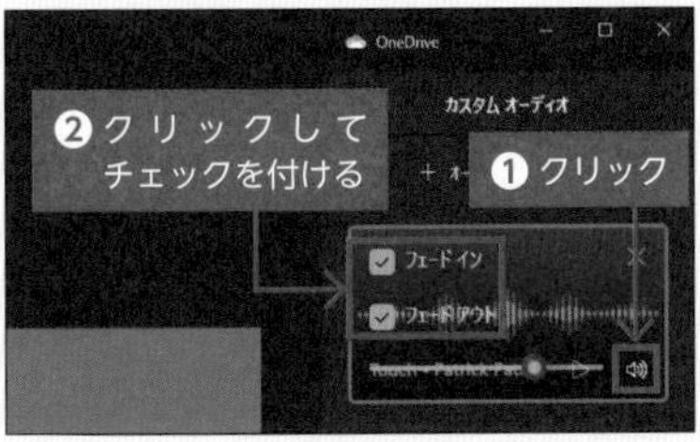

Section 010 ナレーションを録音するには

動画の解説を音声で録音し、それを動画に含めたいなら、スマホで録音するのがいいでしょう。スマホのマイクは高性能なので、高音質な録音が可能です。ここでは録音方法とパソコンへの取り込み方を解説します。

iPhoneでナレーションを録音する

❶ iPhoneでナレーションを簡単に録音するには、標準アプリの「ボイスメモ」を利用するといいでしょう。「ボイスメモ」を起動して「すべての録音」をタップします。

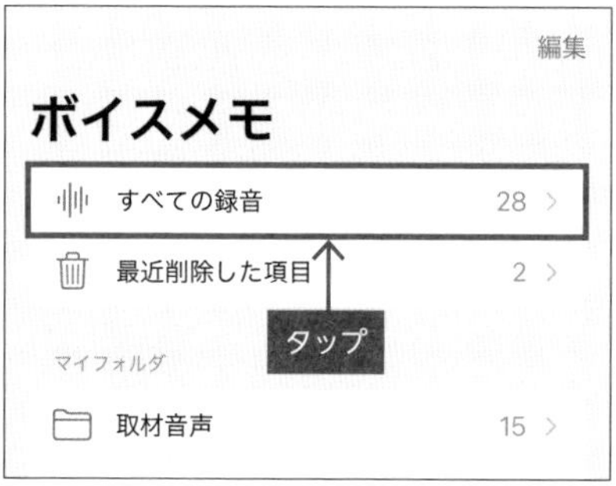

❷ 画面最下部の赤丸のアイコンをタップすると、録音が始まります。

❸ 終了したいときは、赤い四角のアイコンをタップします。

❹ 録音した音声ファイルをパソコンに取り込むには、録音した音声のタイトル右にある「…」アイコンをタップして「共有」をタップし、メールに添付するか、オンラインストレージなどにアップロードします。

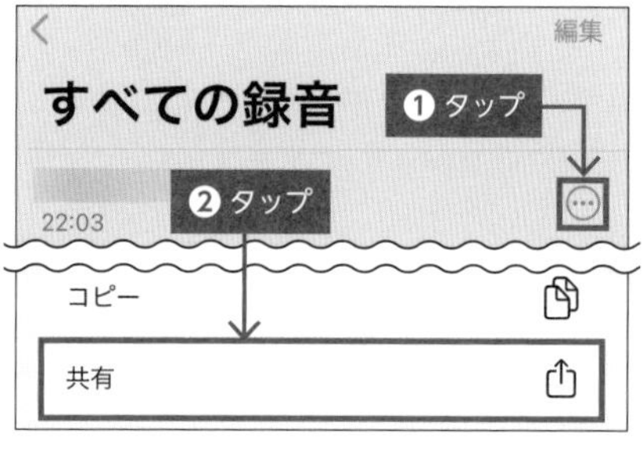

Androidスマホでナレーションを録音する

Androidスマホの場合、録音用のアプリがプリインストールされていれば、それを使用するといいでしょう。もし見当たらない場合は、「Playストア」で「ボイスレコーダー」などのキーワードで検索してヒットしたアプリを使います。ここでは、「シンプルボイスレコーダー - 音声を簡単に録音」という無料アプリを使っています。

❶「シンプルボイスレコーダー」を起動して、画面下のマイクアイコンをタップし、録音を開始します。

❷終了したいときは、四角のアイコンをタップします。

❸次に録音した音声ファイルをパソコンに取り込みます。取り込み方にはいろいろありますが、ここではタスクトレイの「∧」アイコンをクリックしてBluetoothアイコンを右クリックし、「ファイルの受信」をクリックします。

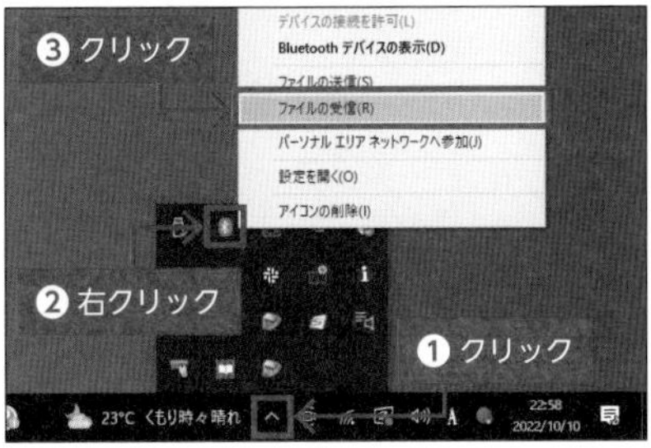

❹「Bluetoothファイル転送」ダイアログが表示されますが、パソコンの作業はいったん中断し、このままにしておきます。

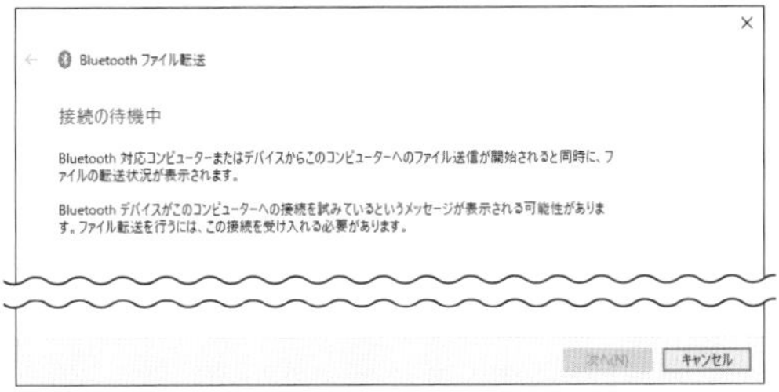

❺ Androidスマホの「シンプルボイスレコーダー」アプリに戻って、画面下の「Player」をタップし、録音したナレーションの右にある「⋮」アイコンをタップして「共有」をタップします。

❻「Bluetooth」アイコンをタップします。

❼ 取り込みたいパソコンの名前をタップすると、Bluetooth経由でファイル転送が始まります。

❽ パソコンに戻って、受信したファイルがどこに保存されるかを確認してから「完了」をクリックします。デフォルトでは「C:¥Users¥(ユーザー名)¥OneDrive¥ドキュメント」フォルダーに保存されます。

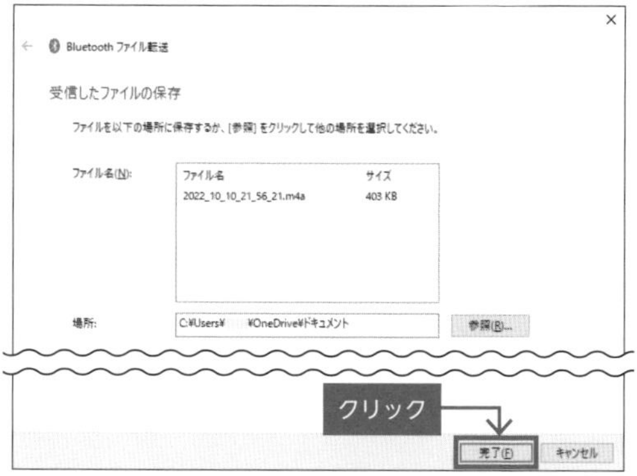

パソコンでナレーションを録音する

パソコンでナレーションを録音するには、マイクを用意したほうがいいでしょう。パソコン内蔵のマイクの多くはあまり性能がよくないため、音声の録音には向きません。録音用アプリは、Windowsに標準搭載されている「ボイスレコーダー」(Windows 10) または「サウンドレコーダー」(Windows 11) を使うと簡単です。ただし、トリミングなどの編集はできません。もし細かい編集をしたい場合は、もっと高機能なアプリを用意する必要があります。

❶「ボイスレコーダー」を起動して、中央のマイクアイコンをクリックすると、録音が始まります。Windows 11では「サウンドレコーダー」を起動し、画面下の赤い円ボタンをクリックします。

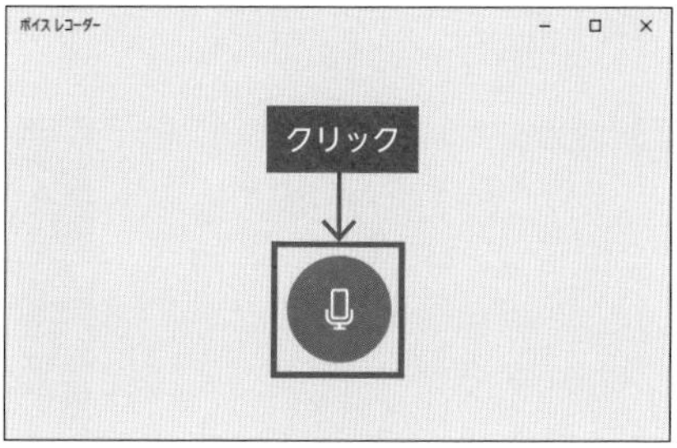

❷録音を終了したいときは、中央の四角のアイコンをクリックします。Windows 11では画面下の黒い正方形の「録音を停止」ボタンをクリックします。

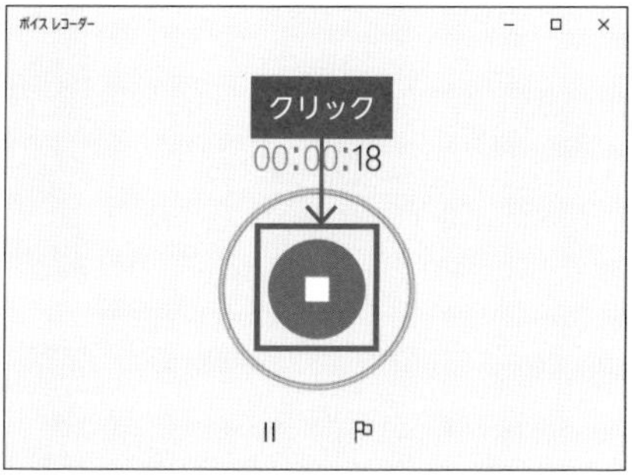

❸録音が終了すれば、「C:¥Users¥(ユーザー名)¥OneDrive¥ドキュメント¥サウンドレコーディング」フォルダーに音声ファイルが保存されているはずなので、確認しましょう。

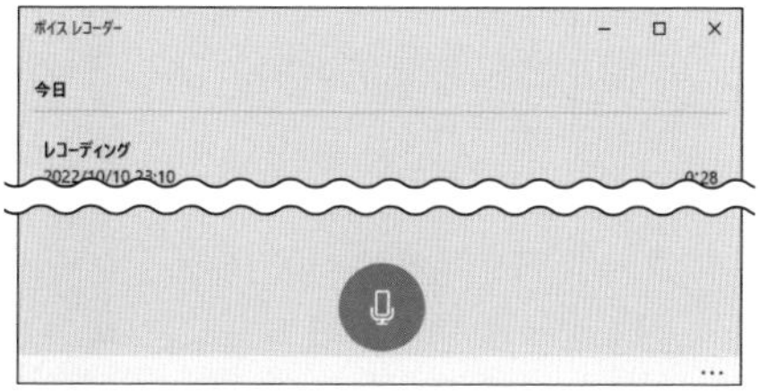

MEMO ナレーションを動画に配置するには

ナレーションを録音したファイルは、音楽ファイルと同じように扱うことができます。そのため、ビデオエディターを使って動画にナレーションを配置するには、145ページの手順と同様に行います。

Section 011 完成した動画を書き出す

編集が終わったら、動画を1つのファイルにまとめて書き出します。ビデオエディターなら簡単な操作でMP4形式の動画に書き出すことができます。また、書き出したあと、再編集して修正することも可能です。

編集中の動画を書き出す

❶ 編集作業が終われば、画面右上の「ビデオの完了」をクリックします。

❷「ビデオの画質」で画質を選択して、「エクスポート」をクリックします。選択できる画質は、「高」1080p、「中」720p、「低」540pの3種類です。とくに理由のない限り、「高」を選びます。もし画質を犠牲にして動画のファイルサイズを小さくしたいときは、「中」や「低」を選択します。

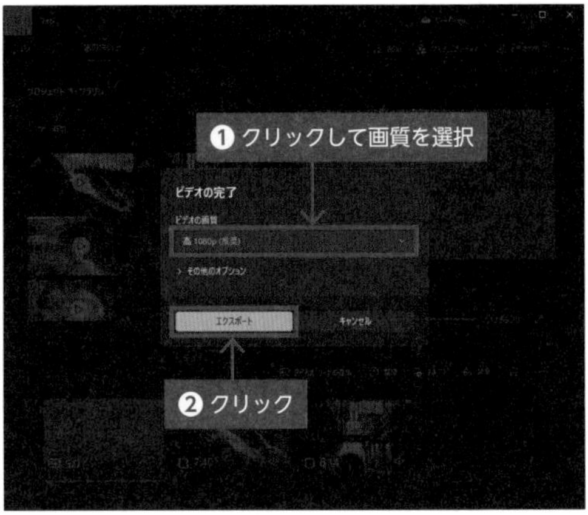

動画を再編集する

ビデオエディターを終了して再び起動すると、このような画面が表示されます。書き出したあとの動画を再編集したいときは、この画面で編集したい動画のサムネイルを選んでクリックします。

MEMO 編集中に別の動画を表示・編集するには

編集作業を一時中断して、別の動画の編集を実行したいときは、画面左上の「ビデオエディター」をクリックすると、編集中の動画のサムネイルが並ぶ画面に戻ります。

Section 012

スマホで動画を編集するには

本格的な動画編集をしたいなら、やはりパソコンを使うしかありませんが、簡単な編集で済ませたいならスマホを利用するのも1つの手です。ここでは「InShot」というアプリの機能を簡単に紹介します。

「InShot」の編集機能

「InShot」は無料アプリながら、いろいろな機能を使えるアプリです。ここで紹介したトリミングやBGM追加、テキスト配置、ステッカー配置以外にも、フィルター、画面を静止させるフリーズ、一部の反復などが可能です。なお、トランジションや一部のステッカーは有料です。

❶ 動画全体への操作として、前後を削除するトリミング、途中を削除するカット、分割するスプリットが利用できます。

❷ BGMに使える曲が大量に用意されており、自由に動画に追加できます。InShotは音声トラックが4つまで使えるので、効果音やナレーションを動画にかぶせることも可能です。

❸ 動画にテキストを載せることも可能です。表示する時間やタイミングは自由に設定できます。

❹ GIFファイルや絵文字などを配置できます。いろいろなものが用意されているので、好みのものがないか、探してみるといいでしょう。

第6章

ショート動画を公開する

Section 001 ショート動画とは

ショート動画の再生方法はすでに46ページで説明しましたが、ここではショート動画を撮影・編集・投稿する際に知っておくべきことや注意すべき点について解説していきます。手順を確認する前に一読しておいてください。

ショート動画とはどういう動画か

YouTubeのショート動画は、単純に動画の時間が短いだけでなく、通常の動画とは視聴するしくみも投稿する方法も異なります。なぜそのようなしくみが用意されているのでしょうか。

近年は、ニュースサイトやマンガアプリ、動画共有サービスなど多くのサービスの間でユーザーの可処分時間を奪い合う現象が激しくなっています。中でもYouTubeをはじめとした動画共有サービスは、情報の消費に時間がかかるため、いろいろな工夫をしています。ショート動画はその工夫の1つです。

なお、短い動画の共有サービスは、TikTokがその草分けといえますが、Instagramも90秒までの動画を投稿できる「リール」というサービスを開始しています。

次に、ショート動画として動画を公開するための条件を挙げます。

長さは60秒以下

簡単に視聴できるように、ショート動画の長さは60秒以下と決められています。60秒を超えると、通常の動画として扱われます。

正方形または縦長の画面

ショート動画は、スマホでの視聴を前提としているため、正方形または縦長である必要があります。横長の動画は、長さに関係なく、通常の動画の扱いとなります。

これらの2つの条件に当てはまる動画は、ほかの操作をしなくても、ショート動画として認識されます。

アプリの編集機能が使える

スマホのYouTubeアプリでショート動画を撮影すると、いろいろな編集機能が利用できます。たとえば、モノクロに変更したり、古いVHSビデオによくあるノイズを入れたり、文字列を動画に表示したりといった編集作業が可能です。

ショート動画と通常の動画の違い

再生画面のインターフェイス

すでに説明したように、ショート動画の再生画面は、通常の動画と異なり、短い動画を次々に視聴していくのに適したインターフェイスを採用しています。

ショート動画では、右側にメニューアイコンが大きく表示されます。また、上にフリックすれば、次の動画が再生されます。

表示アルゴリズム

通常の動画は、登録したチャンネルの動画や高評価した動画をベースに上位表示される動画が決まります。ショート動画は登録したチャンネルの動画かどうかとはあまり関係なく、表示される動画が決められます。

広告が途中に付かない

通常の動画では、YouTube Premiumに加入したり、広告非表示のためのアプリを使ったりしない限り、動画の前や途中に広告が挿入されます。ショート動画では、動画と動画の間に広告が表示されますが、上下にフリックすることでスキップできます。

収益化の方法

ショート動画を収益化するには、①チャンネル登録者数が1000人以上であり、かつ直近90日間の視聴回数が1000万回以上、または②チャンネル登録者数が1000人以上で、かつ直近12カ月で通常動画の総再生時間が4000時間以上である必要があります。②の条件は、通常動画の収益化と同じものです。

Section 002 スマホでショート動画を撮影する

ショート動画の概要がわかったところで、実際にショート動画をスマホで撮影してアップロードしてみましょう。また、すでに撮影済みの動画をショート動画としてアップロードする方法も解説します。

スマホで撮影してアップロードする

❶「YouTube」アプリを起動して、下段中央の「+」アイコンをタップすると「作成」メニューが表示されるので、「ショート動画を作成」をタップします。

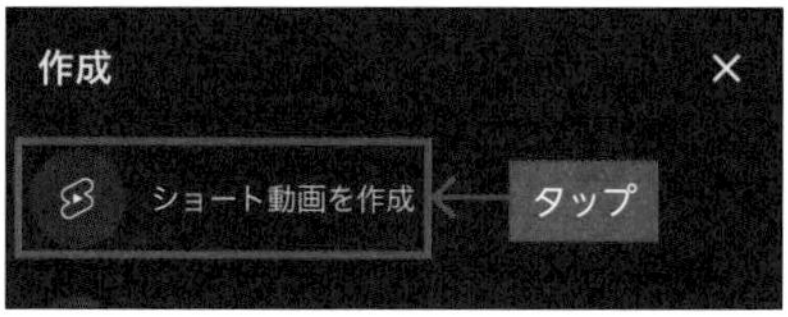

❷下段の赤丸アイコンをタップすると、15秒間の撮影が始まります。再度タップすると、撮影が終了します。また、ロングタッチすると、押している間だけ撮影できます。なお、右上の「15」アイコンをタップすると、撮影時間を最大60秒に切り替えることも可能です。

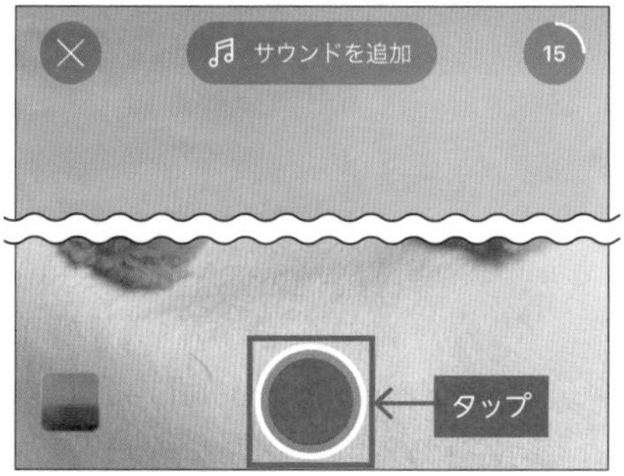

❸撮影できたら、右上の「次へ」をタップします。ここでサウンドやナレーションの追加など編集作業を行うことも可能です。

❹タイトルを入力して、「ショート動画をアップロード」をタップすると、アップロードが始まります。

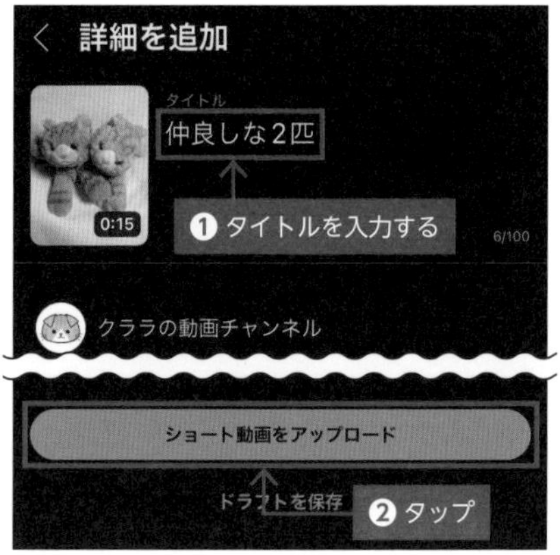

スマホで撮影済みの動画をアップロードする

❶ すでに撮影した動画をショート動画としてアップロードすることもできます。左ページ手順❶の「作成」メニューで「動画をアップロード」をタップします。

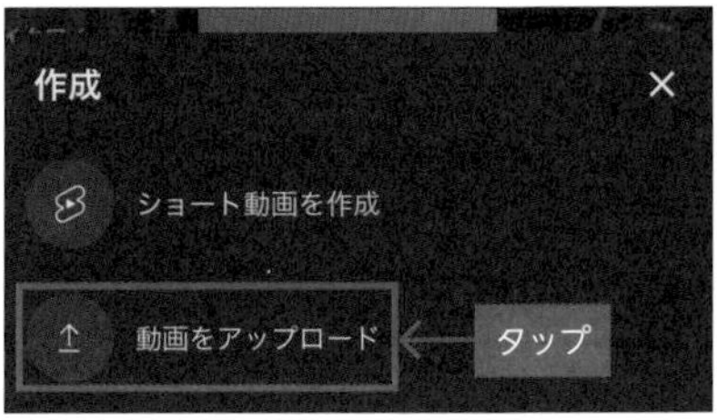

❷ スマホに保存されている動画のサムネイルが表示されるので、アップロードしたい動画をタップします。

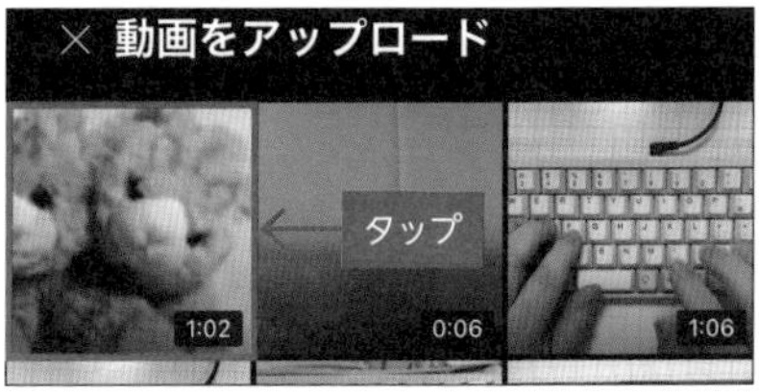

❸ アップロードした動画がショート動画の条件に当てはまっていない場合は、この画面が表示されるので、「ショート動画として編集」をタップします。ここで「次へ」をタップすると、ショート動画ではなく、通常の動画として公開されます。

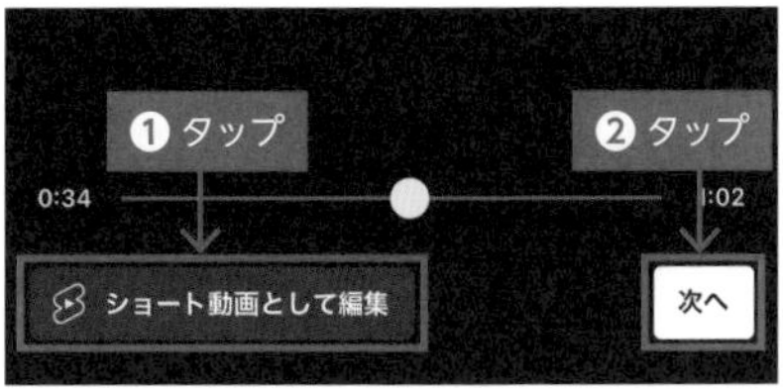

❹ 横長の動画は縦長に切り抜く必要があるので、画面を左右にドラッグして切り抜く部分を決めます。次に、切り取る場所をシークバーをドラッグして決め、さらに動画の長さを設定します。どこを動画として切り取るかが決まれば、「次へ」をタップします。

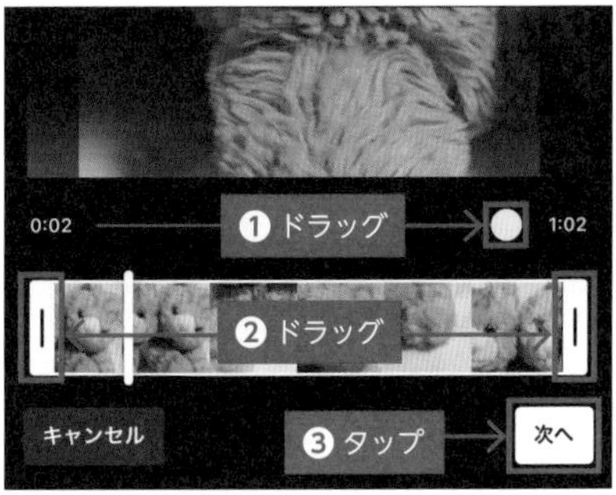

❺ 撮影できたら、右上の「次へ」をタップします。

❻ タイトルを入力して、「ショート動画をアップロード」をタップすると、アップロードが始まります。

Section 003 タイマーやフィルタなどの機能を利用する

「YouTube」アプリには、ショート動画撮影時に使える機能が豊富に用意されています。単純に撮影して公開するだけでなく、映像にもっと工夫を加えたい場合はそれらの機能を使ってみましょう。

各種設定を知っておく

撮影前の設定画面

❶切り替え	インカメラとアウトカメラを切り替えます。
❷効果	映像にさまざまな効果を加えます。
❸速度	0.3倍速から3倍速まで撮影速度を変更できます。
❹タイマー	あらかじめ設定した秒数後に撮影をスタートしたり終了したりします。
❺グリーンスクリーン	人を撮影する際に、背景に別の写真や動画を映し出します。
❻レタッチ	肌をなめらかに映します。
❼フィルタ	映像の色合いを変更します。
❽位置合わせ	複数回に分けて撮影する際、位置を合わせやすくします。
❾照明	画面を少し明るくします。
❿フラッシュ	アウトカメラで撮影する際に、フラッシュを光らせます。
⓫カット	動画の不要部分を削除します。

❽⓫は複数回撮影するときに表示される

撮影後の設定画面

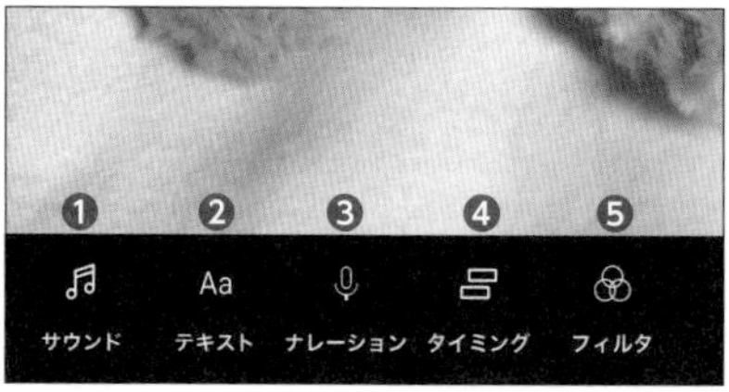

❶サウンド	YouTubeが用意した音楽の中から、好きなものを15秒間利用できます。
❷テキスト	映像中に文字列を配置します。
❸ナレーション	映像にアフレコで声や音を入れます。
❹タイミング	テキストの表示時間を調整します。
❺フィルタ	映像の色合いを変更します。

撮影前に各種設定を行う

効果

効果の種類を選択してタップし、チェックアイコンをタップすると適用されます。効果の中には、162ページで説明するグリーンスクリーンを使ったものもあります。

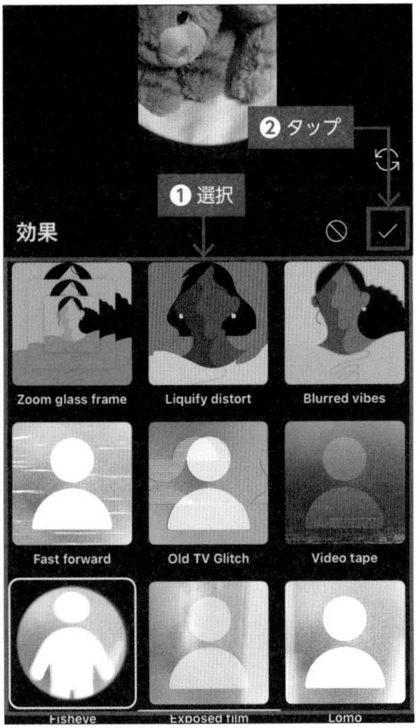

速度

高速で早送りしているような映像を撮影したいときは「2X」や「3X」を選びます。また、スローモーションに見えるような映像にしたいなら「0.3X」や「0.5X」を利用します。なお、速度を変更すると、撮影可能な時間も変わります。

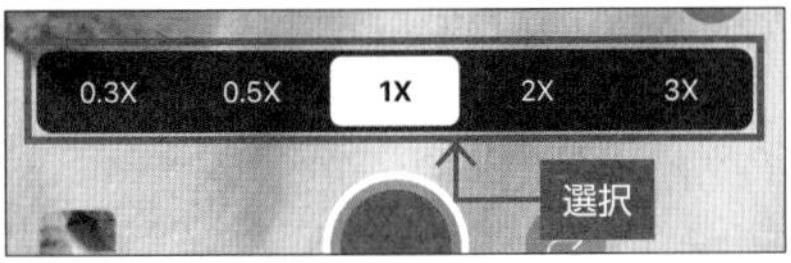

タイマー

撮影開始までの時間を「3秒」「10秒」「20秒」から選択し、録画時間を決めて(最大15秒)、「開始」をタップして録画を始めます。自撮りに便利です。

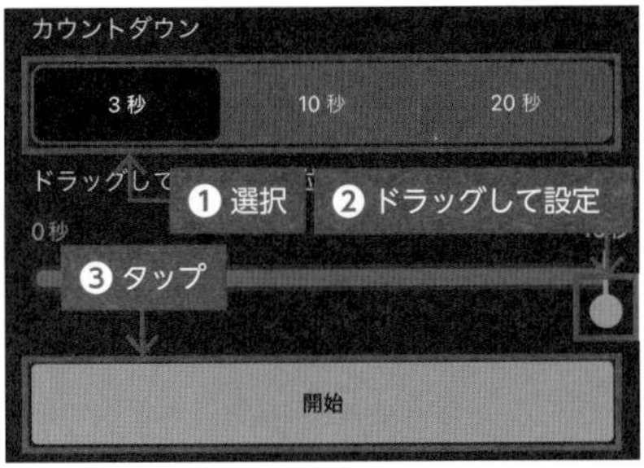

撮影後に各種設定を行う

フィルタ

撮影した動画の色合いを変更したいときは、「フィルタ」をタップします。次に、用意されているフィルタの中から、適用したいものを選んでタップし、「完了」をタップします。

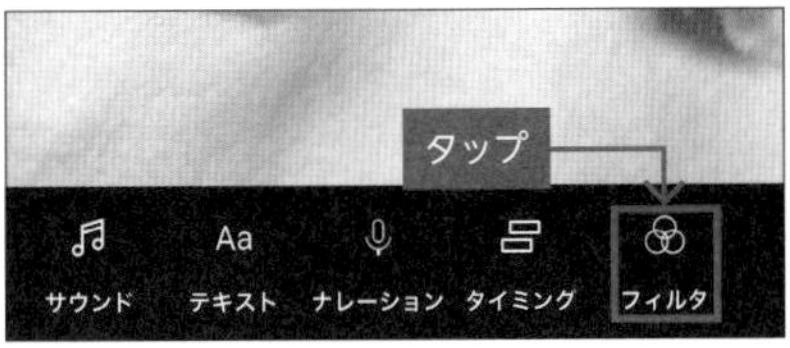

テキスト

動画中に文字列を表示したいときは「テキスト」を使います。文字列を入力して、文字色を変更し、適宜装飾します。なお、好きな場所に表示する機能はありません。

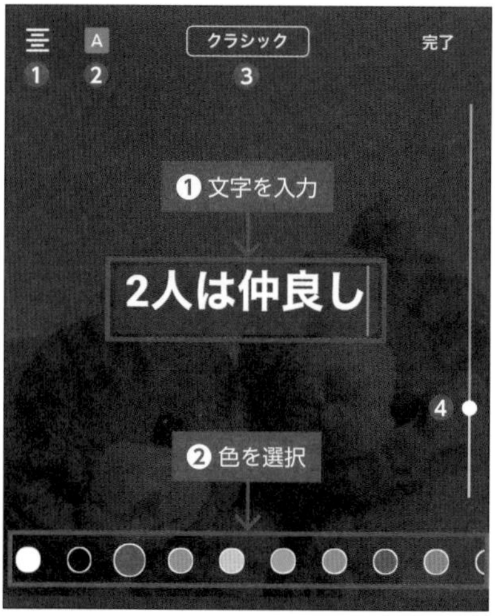

❶左右揃え	文字列の左右の位置を変更します。
❷背景色	文字列の背景を「なし」「濃い色」「薄い色」から選択します。
❸フォント	フォントを変更します。ただし、日本語は文字の太さが変わるだけです。
❹文字のサイズ	ドラッグすると、文字のサイズを変更できます。

タイミング

❶ テキストを入力後、バーの左右の端をドラッグすると表示するタイミングを変更できます。

❷ 複数のテキストを入力後、表示するタイミングを調整すると、次々に文字列が切り替わるような表示方法にすることも可能です。

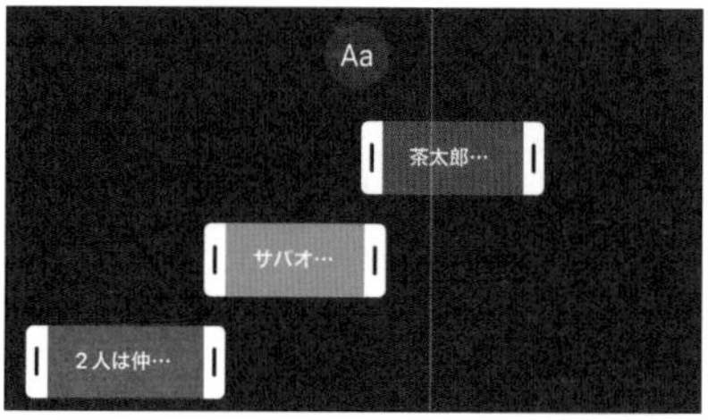

ナレーション

動画にあとからナレーションを吹き込むことができます。中央下の赤丸アイコンをタップすると録音が始まります。途中で何度も止めたり、録音を再開したりすることも可能です。

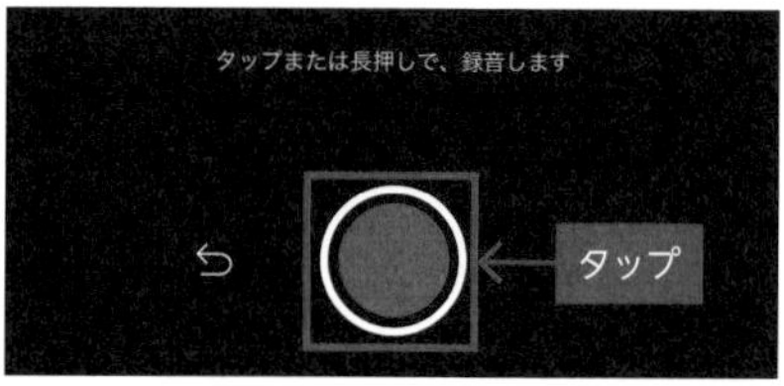

音量

ナレーションを録音すると、動画にもともと含まれている音声とナレーションの音量を別々に調整することができます。もともとの音声を聞こえなくしたり、ナレーションを小さめにしたり、いろいろな工夫が可能です。

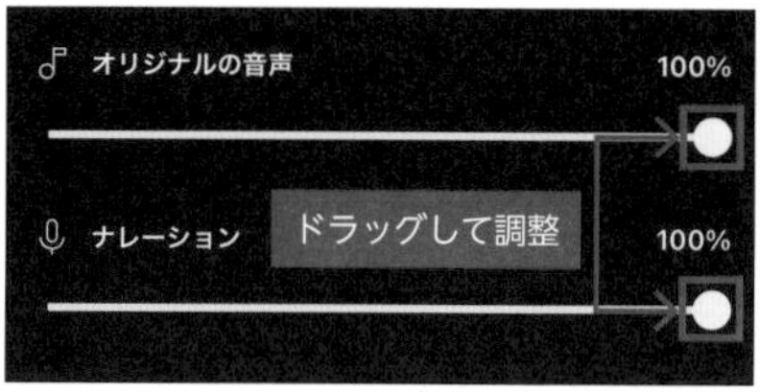

カット

❶ 動画の不要な部分を削除したい場合、カット機能を使います。動画を撮影する際に何回で録画したかによって、サムネイルの数が変わります。ここでは4回に分けて撮影したので、サムネイルは4つ表示されています。サムネイルをタップすれば、分割して撮影した動画のそれぞれに対してカット機能を使うことができます。

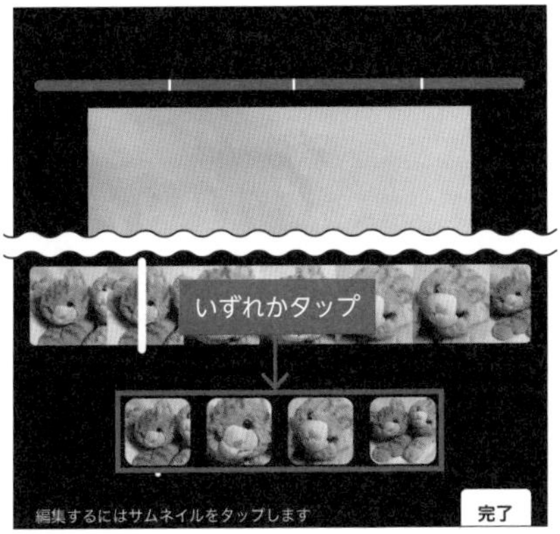

❷ バーの左右の端をドラッグすると、動画をトリミングして長さを変更できます。

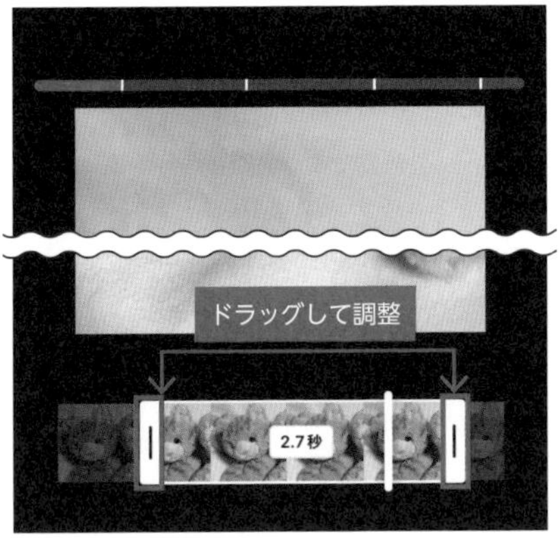

❸ カットが終わったら、画面下部の「完了」をタップします。

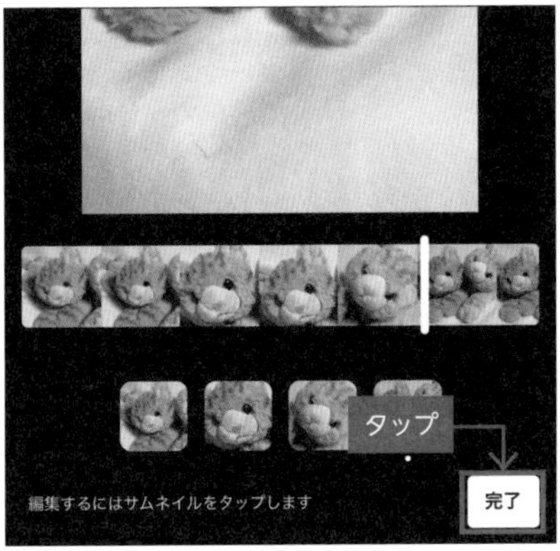

位置合わせ

複数回に分けて撮影する際、カメラ位置を合わせるために直前の撮影時の映像を薄く表示します。

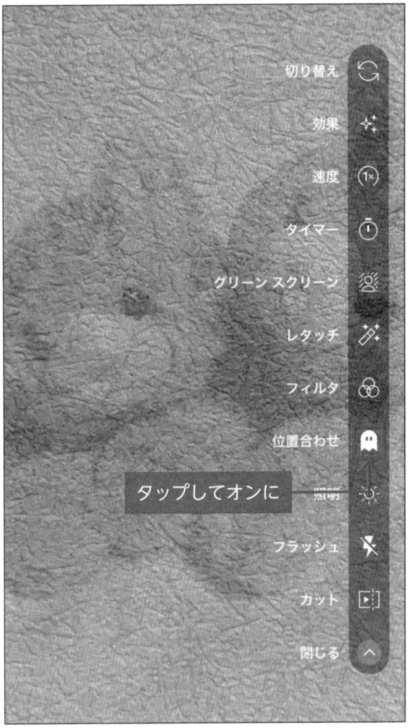

Section 004 グリーンスクリーンで背景を変更する

ビデオ会議などで自分の後ろに緑色の布を吊るすと、自分の姿だけが切り抜かれて、好きな映像と合成することができます。これをグリーンスクリーンといいますが、ショート動画なら緑色の布がなくても切り抜けます。

背景を別の画像に差し替える

❶ ショート動画の撮影前に、メニューの人型アイコンをタップします。

❷ すると、背景部分が切り抜かれて、緑色になります。

❸ 画面下部にスマホ内に保存されている写真と動画のサムネイルが表示されるので、背景に設定したい写真または動画をタップします。

❹ 緑色になっていた部分に選択した写真・動画が表示されるので、画面下部の赤丸アイコンをタップして録画を開始します。なお、動画を背景に選んだ場合、15秒までしか撮影できません。

グリーンスクリーンを応用する

❶ 背景の前に表示された姿は、ピンチイン・ピンチアウトによって縮小・拡大できます。

❷ 縮小後の姿はドラッグして移動できます。

❸ 2本指で捻ると、回転させることも可能です。

❹ 159ページで取り上げた効果の中には、背景に有名な観光地の写真を使えるものがあります。サムネイル上に矢印が書いてあるものをタップすると、有名な観光地の前に自分がいるような映像を撮影できます。効果を選択したら、チェックマークをタップして確定します。

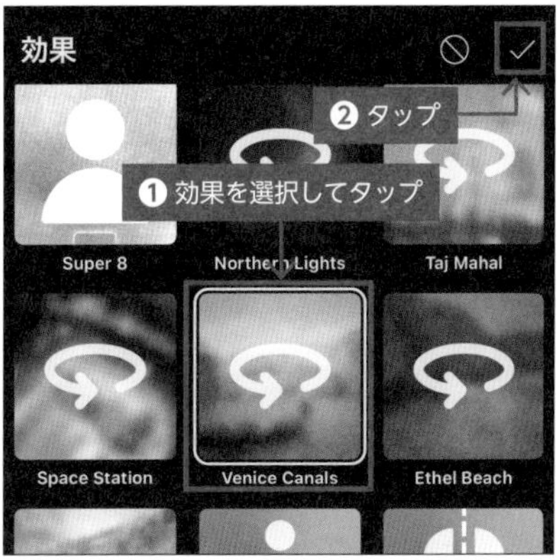

Section 005 ショート動画に音楽を追加する

ショート動画では、YouTubeが用意した曲の中から1曲を選び、15秒間だけBGMとして使うことができます。利用する箇所は自分で選択可能です。動画の雰囲気にあった曲を使えば、より魅力的な動画になるでしょう。

撮影前に音楽を追加する

❶ 撮影する前に利用する曲を選択するには、まず画面上部の「サウンドを追加」をタップします。

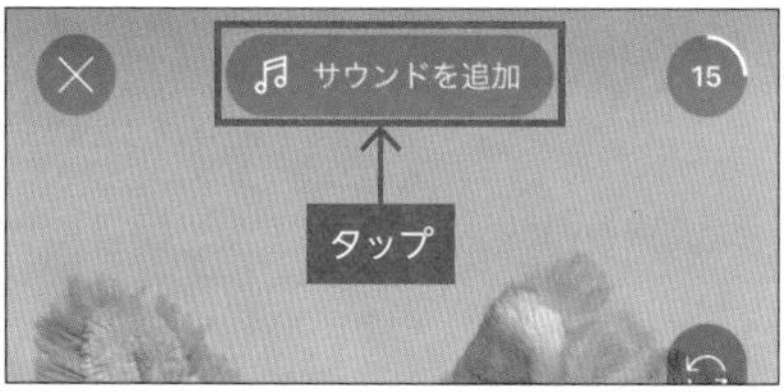

❷ 使いたい曲が見つかれば、タップして試聴してみましょう。曲が決まれば、「→」アイコンをタップします。なお、検索ボックスに歌手名や曲名を入力して検索することも可能です。

❸ 選択した曲の名前が画面上部に表示されるので、動画撮影に移ります。なお、曲を変更または削除したいときは曲名をタップします。

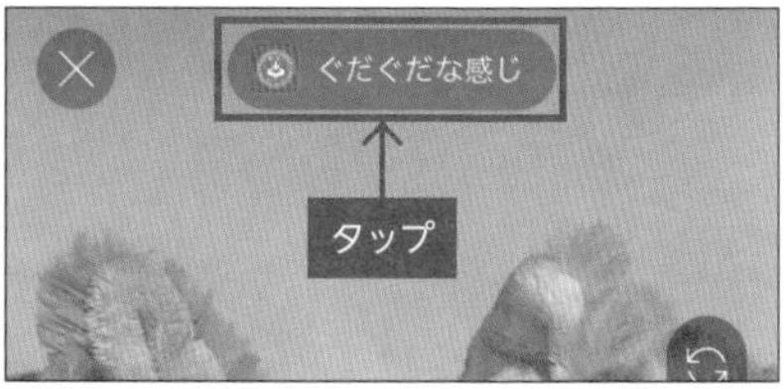

❹ 画面上部右のゴミ箱型アイコンをタップすると、曲を削除できます。また、曲名をタップすると、手順❷の画面に戻るので、別の曲に変更することが可能です。

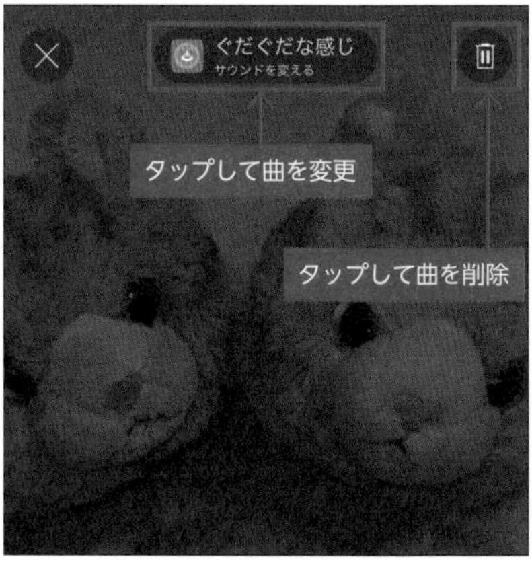

撮影済み動画に音楽を追加する

❶ 撮影済みの動画をアップロードして音楽を追加したいときは、動画のアップロード後の画面で画面下部の「サウンド」をタップします。

❷ 撮影前に曲を選択するのと同様の手順で、曲を検索したり選択したりできます。

曲の中で利用する部分を変更する

❶ 曲の中でショート動画のBGMとして使われる箇所はあらかじめ曲によって設定されていますが、自分で変更することもできます。曲を追加後に画面下部の「調整」をタップします。

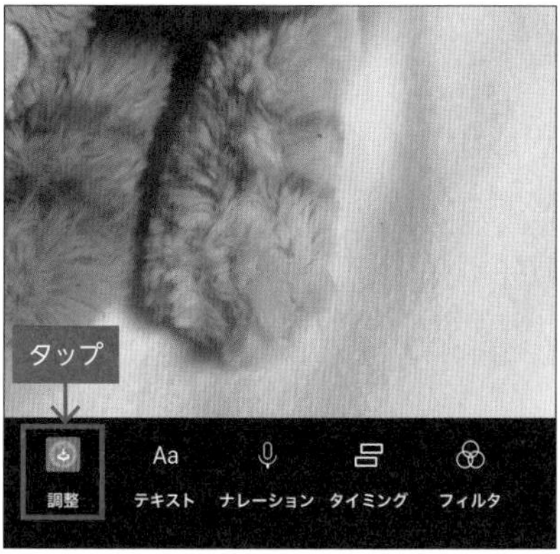

❷ シークバーと音量を表示する部分が表示されたら、シークバーをドラッグして大まかに曲を開始する場所を設定し、シークバーの下にある波線部分をドラッグして細かく設定します。

Section 006 ほかの人の動画からショート動画を作る

ほかの人が投稿した通常の動画から、注目してほしい箇所を切り抜いたり、音声だけを利用したり、自分をその動画の上に合成したりしてショート動画を作ることができます。やり方は簡単なので、試してみると楽しいでしょう。

ほかの人の動画を切り抜く

❶ ほかの人の動画を切り抜いて、そのあとに自分が撮影した動画を追加することができます。動画の再生画面で「リミックス」をタップします。なお、「リミックス」が表示されていない動画は切り抜きできません。

❷ 画面下部に「リミックス」メニューが表示されるので、「切り抜き」をタップします。

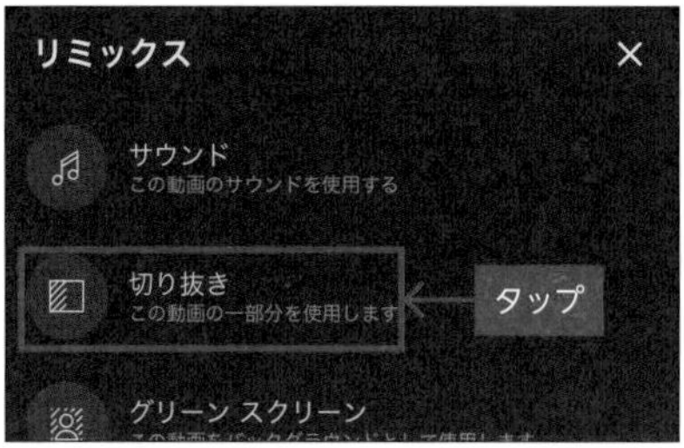

❸ シークバーをドラッグして大まかな位置を決め、下のサムネイルをフリックしたり、両端をドラッグしたりして、切り抜く場所を決めます。なお、切り抜ける動画の長さは最大5秒です。設定が終われば、「次へ」をタップします。

❹ 動画を数秒以上撮影すれば、投稿できます。

ほかの人の動画の音声を使う

❶ 前ページ手順❷の「リミックス」メニューで「サウンド」を選択すると、ほかの人の動画の音声だけを利用することができます。このとき、音声は15秒に固定され、短くすることはできません。

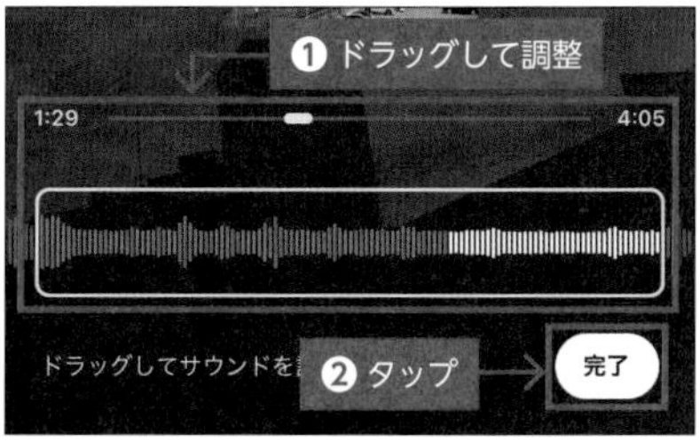

❷ 音声に合わせて、動画を数秒以上撮影すれば、投稿できます。なお、このときに撮影できる動画の長さは最大15秒です。

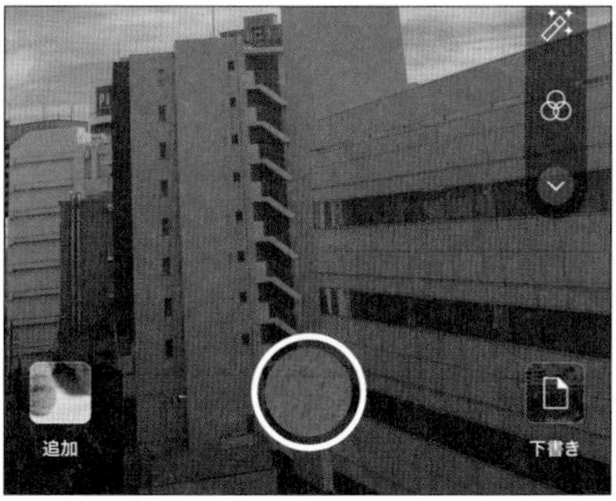

自分の動画のリミックスを禁止する

❶ YouTube Studioで「コンテンツ」をクリックし、設定したい動画のサムネイル左のチェックボックスにチェックを入れて、「編集」をクリックします。次に、表示されたメニューから「ショート動画のサンプリング」をクリックします。

❷「サンプリングを許可する」をクリックして、表示されたリストから「サンプリングを許可しない」を選択します。

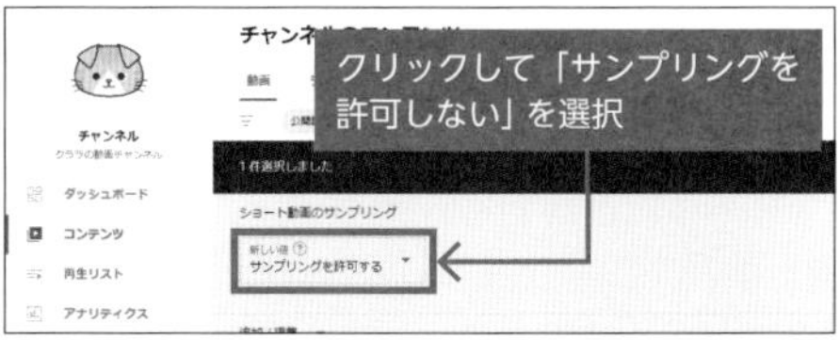

MEMO

もとの動画が削除されたらどうなる？

切り抜きに利用したもとの動画が削除されたり、切り抜きなどを許可しない設定に変更されたりした場合、切り抜きの場合は動画が削除されます。また、音声を利用した場合は、音声がミュートされ、限定公開に切り替わります。30日後には動画が削除されてしまうので、注意が必要です。

Section 007 パソコンからショート動画を投稿するには

スマホで撮影した動画だけでなく、パソコンで編集した動画をアップロードして、ショート動画として公開することも可能です。ただし、条件が2つあります。編集する際は、それらの条件に合った動画になるように注意しましょう。

通常の動画と同様にアップロードする

ショート動画として公開したい動画をパソコンからアップロードしたいとき、通常の動画と同じ方法で可能です。ただし、動画の長さが60秒を超えないことと、画面が縦長であることが条件です。いずれかの条件が守られていない動画は、通常の動画として扱われます。また、この2つの条件に合った動画は必ずショート動画として公開され、通常の動画として扱うことはできません。

❶ YouTube Studioの画面右上の「作成」をクリックし、表示されたメニューで「動画をアップロード」をクリックします。

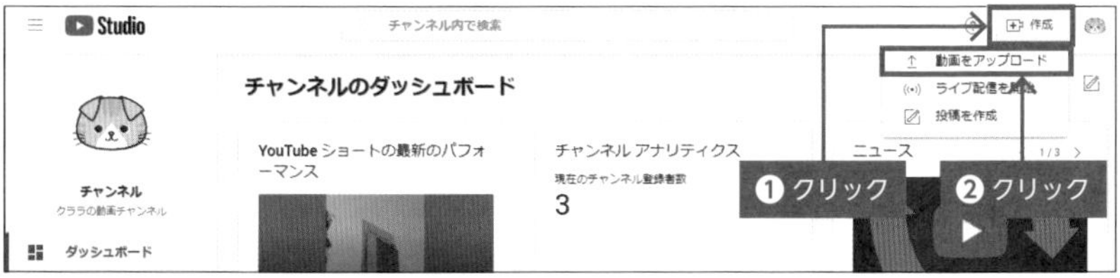

❷「動画のアップロード」画面が表示されるので、そこに動画をドラッグ&ドロップします。下の「ファイルを選択」をクリックして、動画を選択してもかまいません。

第 7 章

ライブ配信で
リアルタイムに交流する

Section 001

ライブ配信とは

これまで動画を撮影したあと、編集してアップロードしていました。しかし、YouTubeライブでは撮影しながら、そのままアップロードしてリアルタイムに視聴者に見てもらうライブ配信が可能です。

ライブ配信とはどういう動画か

ライブ配信とは、撮影しながらYouTubeに動画をアップロードし、同時に視聴者に提供されるしくみのことをいいます。テレビ番組の生放送に似ていて、リアルタイムに映像や音声を伝えることができます。

ライブ配信は技術的には通常の動画よりもややハードルが高く、特有の注意点もあります。しかし、魅力的な番組を作れば、視聴者へのアピール度は通常の動画よりも高く、視聴者数や視聴時間を増やしやすいといえます。

また、ライブ配信で収録した動画は、そのままYouTube上に残しておき、あとから視聴可能な状態で公開することも可能です。

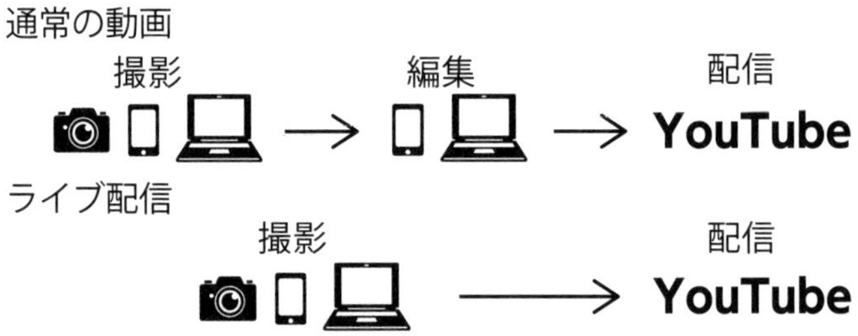

通常の動画では撮影と配信は同時ではありません。ライブ配信では、撮影と配信を同時に行います。これが通常の動画とライブ配信の最も大きな違いです。

MEMO

ライブ配信はライブでなくてもよい？

テレビ局が配信しているニュースチャンネルのライブ配信では、すでに収録済みの映像が流れていることが少なくありません。これらは、ライブ配信としては若干特殊なタイプで、あらかじめ用意したコンテンツをライブ配信のシステムを使ってアップロードしています。個人でも機材やアプリさえ用意すれば可能ですが、ライブ配信である必要がないので、本書では取り上げません。

ライブ配信のメリット

ライブ配信では、撮影と配信をほぼ同時に行います。そのため、速報性が高いコンテンツに向いています。たとえば、起きたばかりの出来事についてコメントしたいときや、今の風景を見てもらいたいときなど、今すぐ動画を配信したいときに便利です。

また、編集作業が不要というメリットもあります。準備さえしておけば、撮影がそのまま配信となるため、撮影終了とともに配信作業も完了です。時間のないときには都合がいいでしょう。

さらに大きなメリットとしては、チャット機能が挙げられます。視聴者からリアルタイムでメッセージを受け取ることができるため、視聴者からの質問にリアルタイムで答えたり、逆に視聴者に質問を投げかけたりするインタラクティブな番組を配信することも可能です。

ライブ配信の注意点

ライブ配信には特有の注意点もあります。まず、撮影した映像をそのまま配信することになるため、映像に凝った効果を施すことはできません。不要な部分のカットも不可能なので、情報の密度を上げることは難しいといえます。

撮影に失敗した場合も、ライブ配信では撮り直しはできず、そのまま映像が配信されます。そのため、撮影前の準備は、通常の動画撮影よりも綿密に行う必要があります。もし質問に答えるライブ配信を行うなら、あらかじめ取り上げる質問を用意したうえで、回答内容についてもある程度考えておくほうが安全です。映したくないものはカメラの視野から遠ざけておくか、背景が壁やカーテンになるように工夫し、聞かれたくない音が入ったときのためにマイクをミュートする方法を確認しておくなどの準備が必要です。

MEMO

ライブ配信ではネット回線に注意

ライブ配信では、撮影しながら配信するので、配信中はネットに接続しておく必要があります。ネット接続が不安定だと、視聴者が見ている途中で映像が停止してしまうかもしれません。Wi-Fi接続が安定しないならLANケーブルを利用するなどの対策を考えておくべきでしょう。また、スマホを4G/5G回線に接続してライブ配信した場合、かなりの通信容量を消費します。十分注意しましょう。

Section 002 ライブ配信の種類としくみ

ライブ配信は、配信したい内容や使用する機材によって、いくつか方法があります。ここでは、初心者でも可能な方法を取り上げて、配信のしくみや必要となる機材について概説します。

ライブ配信を行うための4つの方法

ライブ配信で何を配信したいか、どんな機器を使って撮影するかによって、撮影方法が分かれます。本書では、あまりお金をかけず、深い知識を持っていなくても配信できる方法を4つに分けて紹介します。

Webカメラで配信する

最も簡単かつ安価にライブ配信できるのが、Webカメラによる方法でしょう。パソコンに内蔵されているWebカメラを映像収録に使います。もしWebカメラが内蔵されていない場合や高画質な映像を配信したい場合は、外付けのWebカメラを入手します。

パソコン内蔵のWebカメラを利用する場合、マイクは別途用意しましょう。詳細は56ページを参照してください。

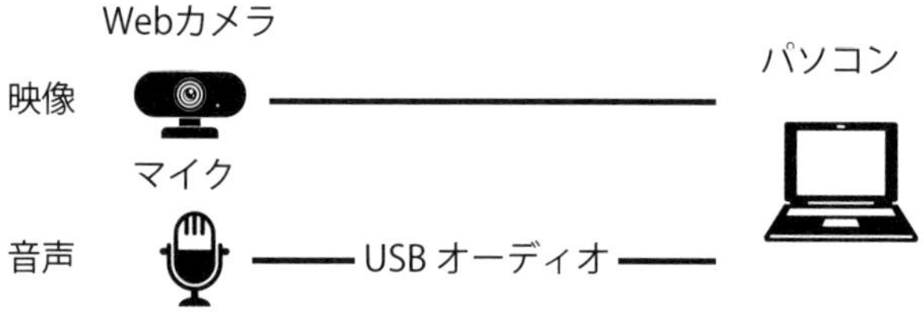

Webカメラはパソコン内蔵のものを使ってもかまいません。マイクはパソコンにマイク端子があれば、USBオーディオ変換器を使わなくても音声を記録できます。また、マイクによってはUSBオーディオ変換器なしでパソコンのUSBポートに直接接続できるものもあります。

デジカメを使って配信する

デジタル一眼レフやデジタルビデオカメラを使うことも可能です。細かい設定が可能なので、Webカメラより高画質な映像が得られることが多いといえます。デジカメなどをUSBケーブルでパソコンに接続して映像を取り込むには、「UVC（USB Video Class）」と呼ばれる規格に対応している必要があります。UVCに対応していないデジカメを使いたいなら、HDMIからUSBに変換するキャプチャ機器を利用します。

なお、デジカメのマイクは通常低機能なので、外部マイクは必須です。詳細は56ページを参照してください。

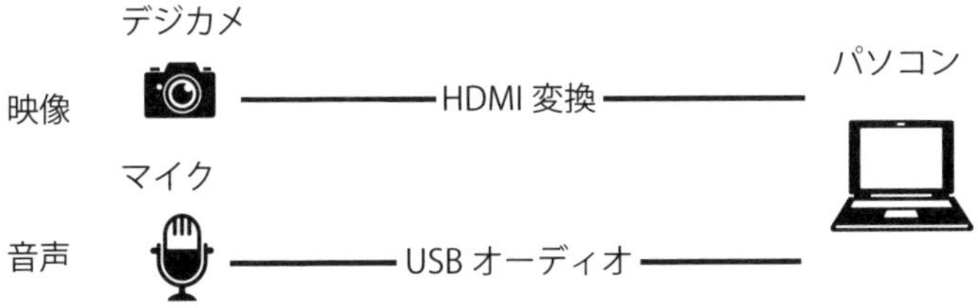

デジカメはUVCに対応していないことが多いので、HDMIで出力してキャプチャし、USBケーブル経由でパソコンに取り込みます。音声はWebカメラと同様です。

スマホで配信する

身近にあって高画質な映像を得られる撮影機器といえば、最初に思い浮かぶのがスマホでしょう。最新スマホの性能なら、十分ライブ配信に使えます。スマホの「YouTube」アプリでライブ配信すれば、非常に手軽な配信が可能ですが、残念ながらいくつか条件があります。最も重要なのがチャンネル登録者数で、50人以上でなければ、「YouTube」アプリのライブ配信機能は使えません。

映像はスマホのインカメラまたはアウトカメラで撮影します。音声は、スマホのマイクでは雑音を拾いやすいので、外部マイクとスマホを接続してマイクで収録します。

それでもスマホを使いたい人のために、本書ではほかの方法を紹介しています。詳細は190ページを参照してください。

パソコンの画面を配信する

外部の被写体をカメラで撮影するのではなく、パソコンの画面をそのまま配信することも可能です。アプリの使い方を解説したり、スライドを見ながらプレゼンテーションしたり、ゲームプレイの様子を実況したりするのに便利です。

このケースでは、エンコーダと呼ばれるアプリを用意して、外部マイクをパソコンに接続すれば配信できます。詳細は182ページを参照してください。

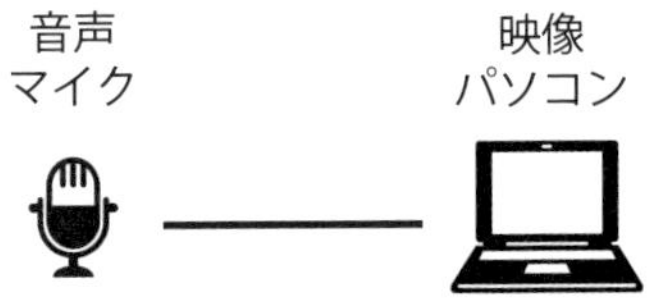

映像は、エンコーダと呼ばれるアプリを使ってパソコンの画面をキャプチャします。音声は、自分の声など外部の音声を収録したい場合、外部マイクを使うといいでしょう。もし外部の音声を入れないのであれば、パソコンだけで問題ありません。

Section 003

ライブ配信を開始する

では、いよいよライブ配信を始めてみましょう。最初は、簡単に機材が用意できるWebカメラを使ったテスト配信を何度か繰り返して、手順を身につけておくといいでしょう。うまくいけば、実際に使用する機材をつなぎます。

Webカメラでライブ配信を行う

ライブ配信を初めて行う場合は、ライブ配信の画面を表示してから24時間経たないと、配信を開始できません。機材を用意したら、早めに準備しておきましょう。

❶ YouTube Studioの画面右上の「作成」をクリックし、「ライブ配信を開始」をクリックします。

❷ ライブ管理画面が表示され、今すぐライブ配信を開始するか、配信予約するかを選択します。ここでは、すぐに開始したいので、「今すぐ」の右の「開始」をクリックします。

❸ 配信の方法を選択します。ここではWebカメラを使用するので、「内蔵ウェブカメラ」右の「選択」をクリックします。

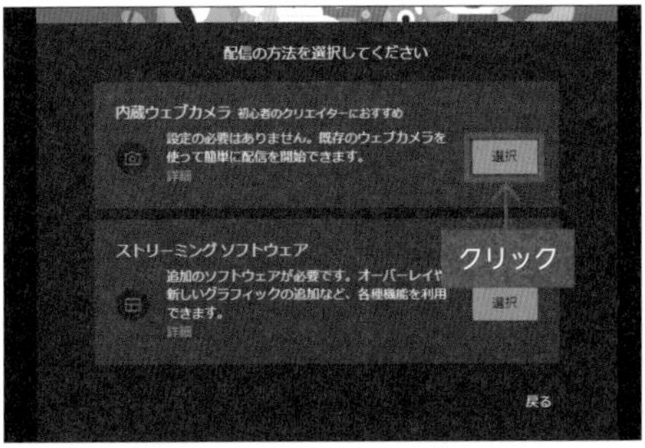

❹ タイトルなどを設定します。視聴者にわかりやすいタイトルや説明を入力し、「ライブ配信の方法」で「ウェブカメラ」が選択されていることを確認します。

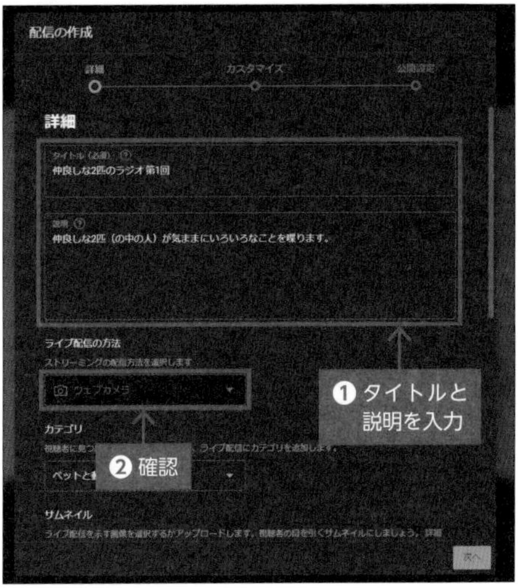

❺ 下にスクロールして、ライブ配信が子ども向けかどうかを選択して、「次へ」をクリックします。

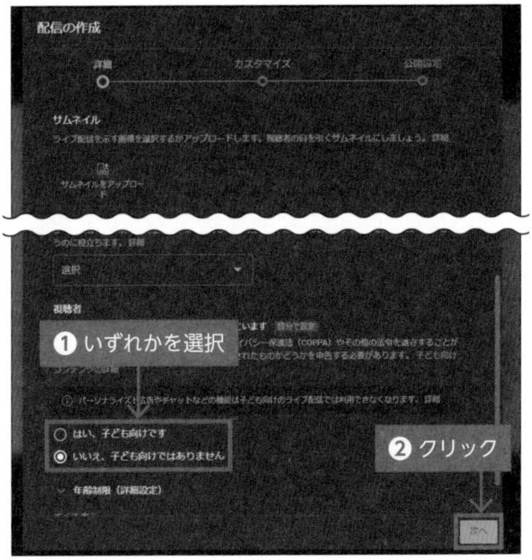

❻「カスタマイズ」画面では、チャットを許可するかどうか、ライブ配信のアーカイブでチャットのリプレイを表示するかどうか、チャットで発言できるユーザーは誰か、送信したメッセージが表示されるまでの時間など、細かい設定が可能です。設定できたら、「次へ」をクリックします。

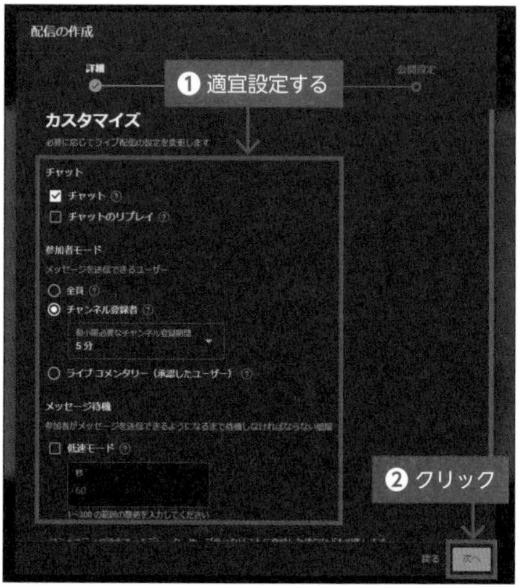

❼「公開設定」画面では、ライブ配信へのアクセスを誰に許可するかを設定します。「非公開」ではユーザーをアカウントごとに指定できます。「限定公開」はリンクを知っている人だけがアクセスでき、「公開」はYouTube上に表示されます。設定できたら「完了」をクリックします。

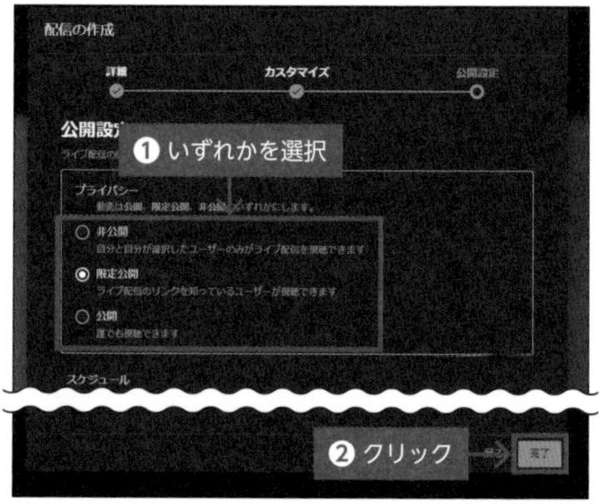

❽プレビュー画面が表示されます。使用する機材を選択して「ライブ配信を開始」をクリックすると、すぐに配信が始まります。また、「共有」をクリックすると、右ページ手順❿の画面が表示され、ライブ配信を開始する前にURLを取得できます。

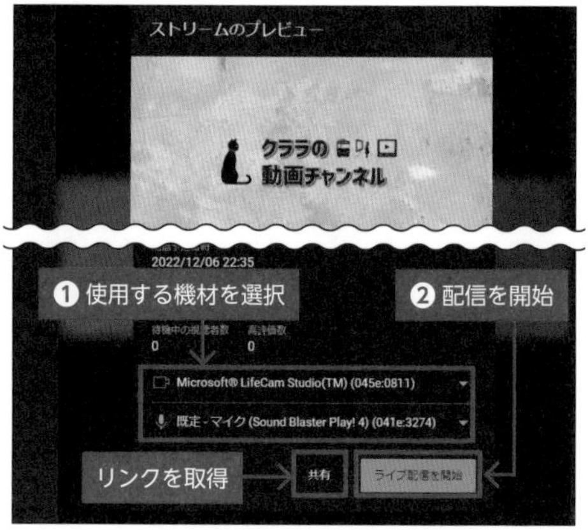

❾ ライブ配信を終了したいときは、画面下の「ライブ配信を終了」をクリックします。ライブ配信に入れたくない音がしたときは、マイクアイコンをクリックしてミュートするといいでしょう。この動画にアクセスしてもらうためのリンクを取得するには、矢印アイコンをクリックします。

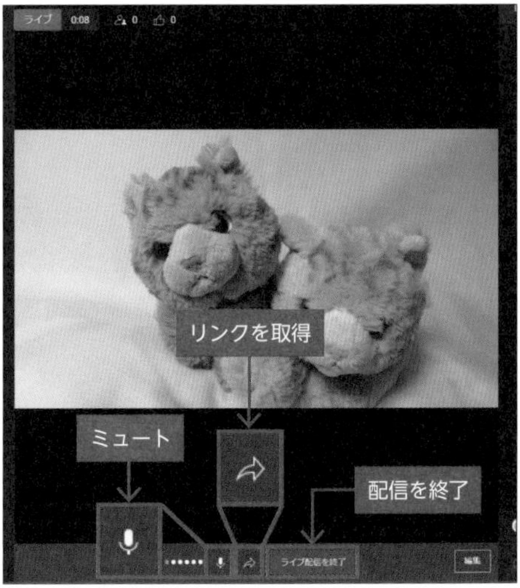

❿「ライブ配信の共有」画面では、ライブ配信のリンクが表示されます。右のアイコンをクリックしてリンクをコピーし、自分のスマホなど別の端末でアクセスして、カメラやマイクが正しく動作しているかを確認するといいでしょう。もとの配信画面に戻るには、「閉じる」をクリックします。

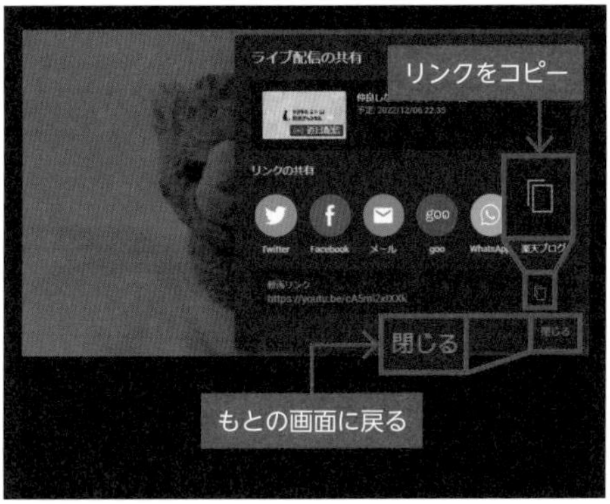

⓫ ライブ配信を終了すると、この画面が表示されます。「閉じる」をクリックすると、ライブ管理画面に戻ります。

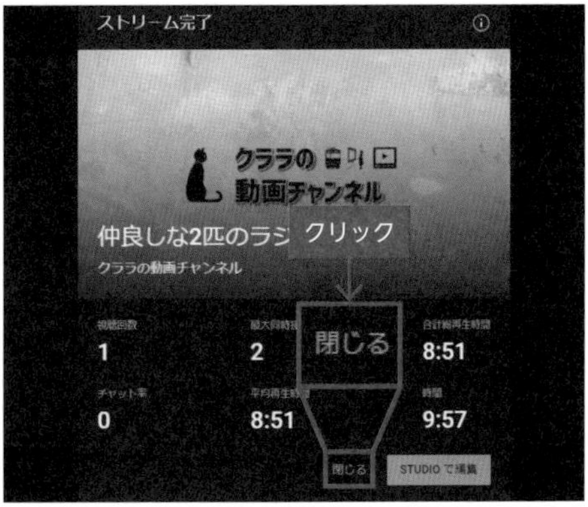

Section 004 スケジュールを指定して配信を予約する

ライブ配信をいきなり開始すると、よほど人気のあるチャンネルでない限り、誰にも気づかれず、視聴者がゼロのままスタートすることになります。配信を予約しておき、リンクをあらかじめ視聴者に知らせておきましょう。

ライブ配信を予約する

ライブ配信を予約するには、スケジュールを設定してから、いったん配信画面を離れます。また、予約しても勝手にライブ配信が始まるわけではなく、配信を開始する画面を表示してから手動で操作します。

❶ まずライブ管理画面を表示します。YouTube Studioで左の「管理」をクリックし、画面右上の「ライブ配信をスケジュール設定」をクリックします。

❷「詳細」画面でタイトルと説明を入力し、チャットについてのカスタマイズを行ったあと、「公開設定」画面で公開範囲を設定します。「スケジュール」で日時を指定して、右下の「完了」をクリックします。

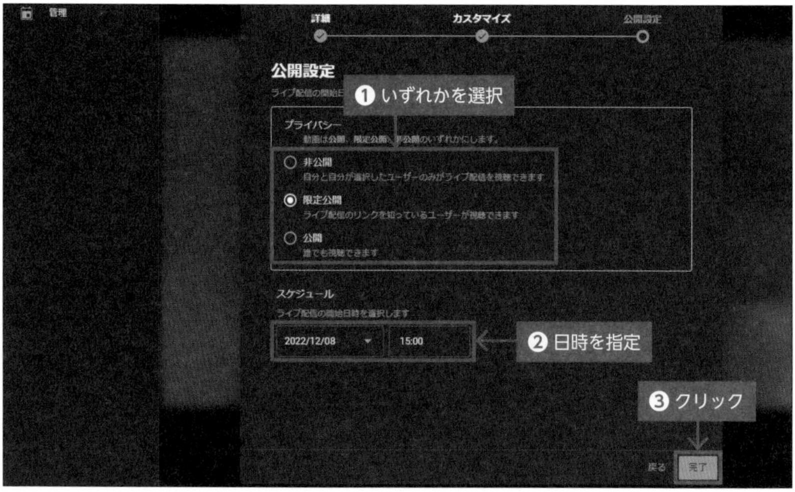

❸ ここではライブ配信のサムネイルを撮影しておきます。「ストリームのプレビュー」の下にマウスポインターを乗せると、「サムネイルを撮り直す」と「カスタムサムネイルをアップロード」という選択肢が表示されます。ここではサムネイルを撮り直しておきます。

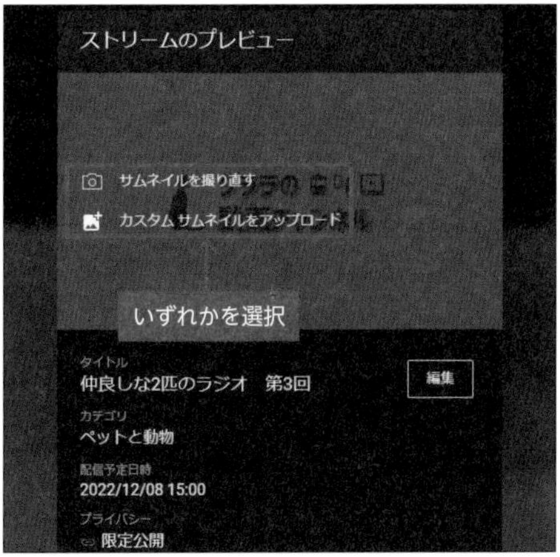

❹「ストリームのプレビュー」画面が表示されたら、使用する機材を選択して「共有」をクリックし、ライブ配信ページのURLを取得します。URLはSNSなどを使って拡散しておくと、視聴者を集めやすくなります。「完了」をクリックします。

❺ ライブ管理画面に戻ると、配信予定のアイコンが表示されているのが確認できます。

予定の時間にライブ配信を開始する

❶ ライブ管理画面を表示し、左の「管理」をクリックして、予約した配信のタイトルをクリックします。

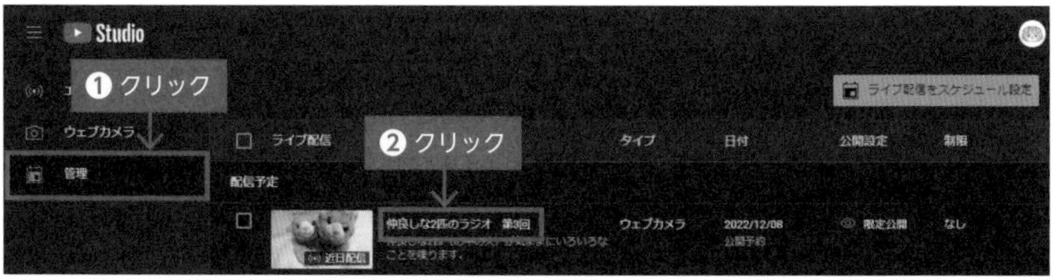

❷ 接続機器を確認してから、「ライブ配信を開始」をクリックします。

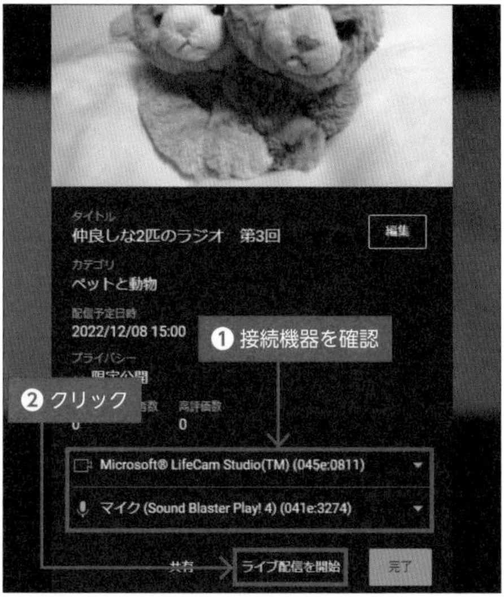

❸ ライブ配信を終了したいときは、「ライブ配信を終了」をクリックします。

ライブ配信を予約視聴する

予約されたライブ配信を視聴するには、配信ページのURLにアクセスして画面左下の「通知する」をクリックして、配信がスタートしたら通知される設定にすると便利です。

MEMO　マイクが接続機器として表示されないとき

「ストリームのプレビュー」画面で接続した機器が表示されていない場合、うまく接続されていなかったり、接続が無効化されていたりすることが考えられます。マイクの接続を確認するには、Windows 10の場合、「設定」画面の「サウンド」から「サウンドデバイスを管理する」をクリックします。

「サウンドデバイスを管理する」画面で、使いたい機器が「無効」に含まれていれば、クリックして選択し、「有効にする」をクリックします。

Windows 11では「設定」画面の「システム」から「サウンド」を選択し、「入力」に接続した機器が表示され、かつ選択されているかを確認します。また、「詳細設定」の「すべてのサウンドデバイス」をクリックし、「入力デバイス」に接続した機器が表示されていれば、それをクリックして「オーディオ」が許可されているかを確認しましょう。

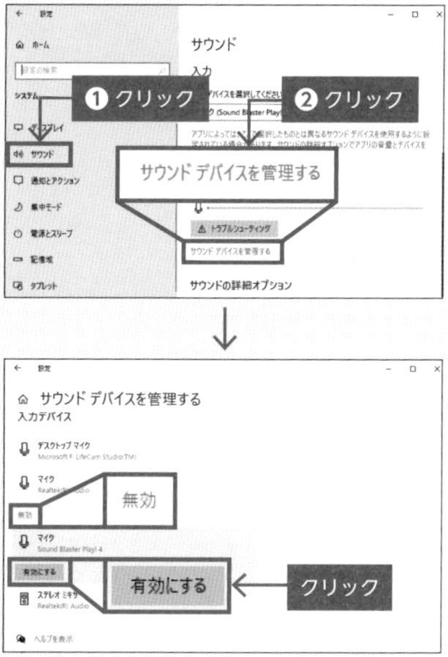

Section 005 ゲーム実況などで パソコンの画面を配信する

「OBS Studio」というアプリを利用すれば、パソコンの画面をライブ配信することができます。ここでは、ゲーム画面をマイクで実況しながら配信する場合の手順を解説しますが、Excelやブラウザーの画面も同様に配信可能です。

「OBS Studio」をインストールする

❶ ブラウザで「https://obsproject.com/ja/download」にアクセスして、OSのアイコンをクリックし、「ダウンロードインストーラ」をクリックすると、インストーラがダウンロードできます。

❷ ダウンロードしたインストーラをダブルクリックし、画面の指示にしたがってOBS Studioのインストールを開始します。

OBS Studioを起動する

❶ OBS Studioの初回起動時には、このようなウィザードが表示されます。「配信のために最適化し、録画は二次的なものとする」を選択して、「次へ」をクリックします。

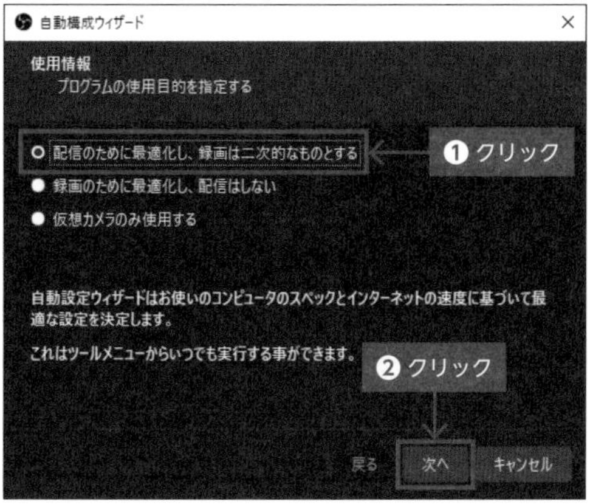

❷「映像設定」画面が表示されますが、このまま「次へ」をクリックします。

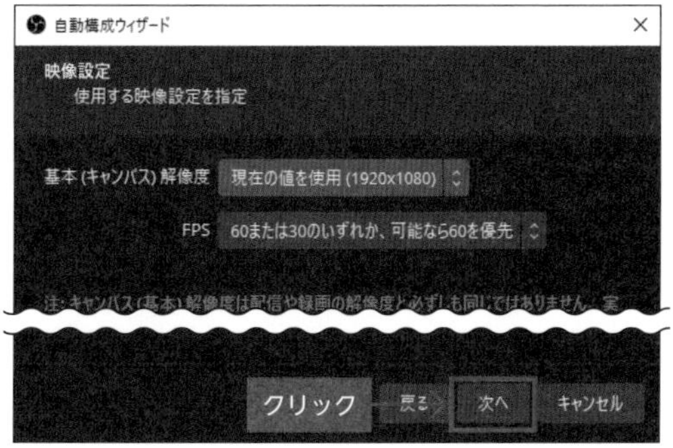

❸「サービス」で「YouTube - RTMPS」を選択し、「アカウント接続(推奨)」をクリックします。ここでYouTube Studioでストリームキーを取得しておき、「ストリームキーを使用する（高度)」をクリックして入力する方法もあります。

OBS StudioをYouTubeに接続する

❶ ブラウザでアカウント選択の画面が表示されます。ライブ配信を行いたいアカウントをクリックします。

❷ Googleアカウントに複数のYouTubeアカウントを作成している場合は、どのYouTubeアカウントを利用するかを選択します。

❸ OBS Studioからアクセス権を求められるので、「続行」をクリックします。

❹ YouTubeとの接続が成功したら、OBS Studioに戻って設定を続けます。「次へ」をクリックします。

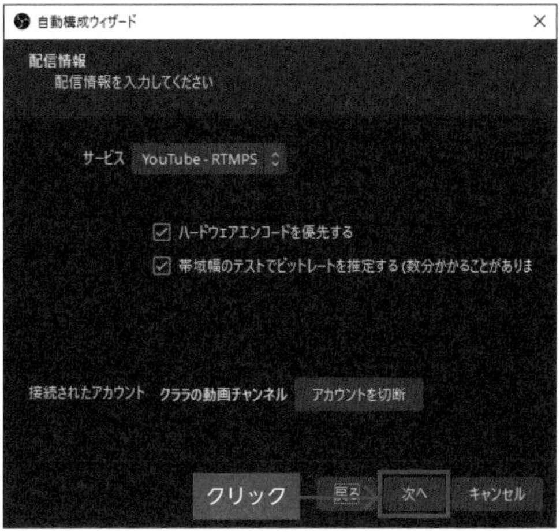

❺ 帯域幅のテストが行われるので、しばらく待ちます。

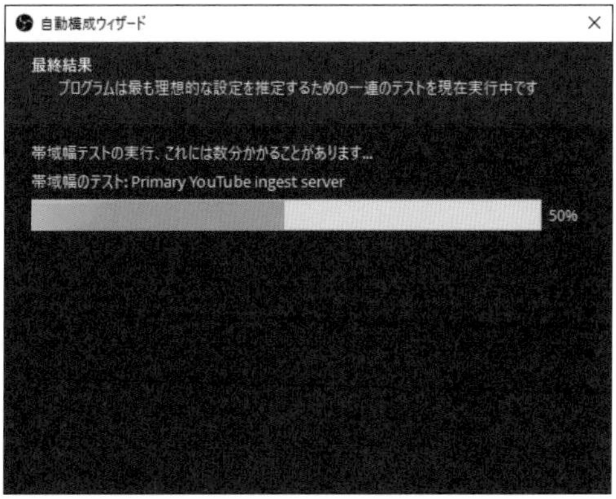

❻ 「テスト完了」と表示されたら初期設定は完了です。「設定を適用」をクリックして、ウィザードを閉じます。

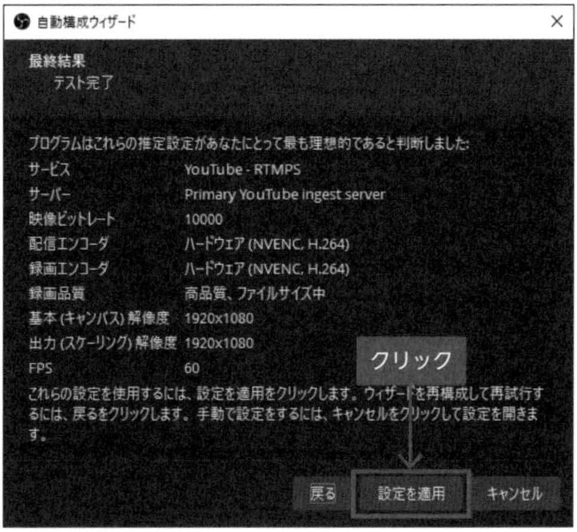

表示するウィンドウを選択する

❶「ソース」ペインの下にある「+」アイコンをクリックして、ウィンドウの種類を選択します。ここではゲーム実況のライブ配信をしたいので「ゲームキャプチャ」を選択しますが、Excelなどのアプリなら「ウィンドウキャプチャ」を利用します。

❷「ソースを作成/選択」画面が表示されたら、「新規作成」を選択して識別しやすい文字列を入力し、「OK」をクリックします。

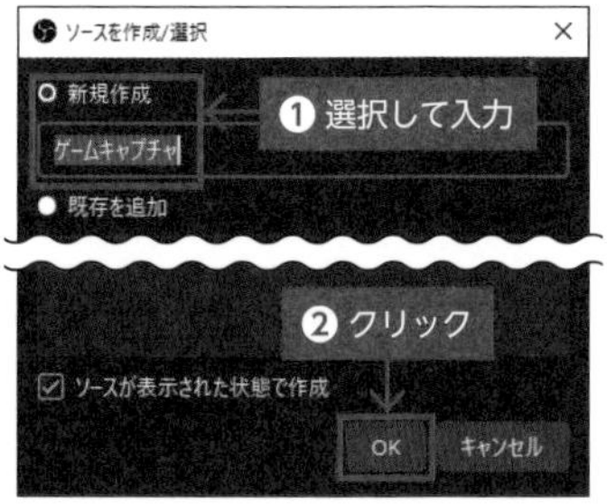

❸「ゲームキャプチャのプロパティ」画面が表示されます。ここで画面を配信したいゲームなどのアプリを起動して、ゲームの画面が表示されるかどうか確認します。表示されない場合は、「モード」のリストをクリックします。

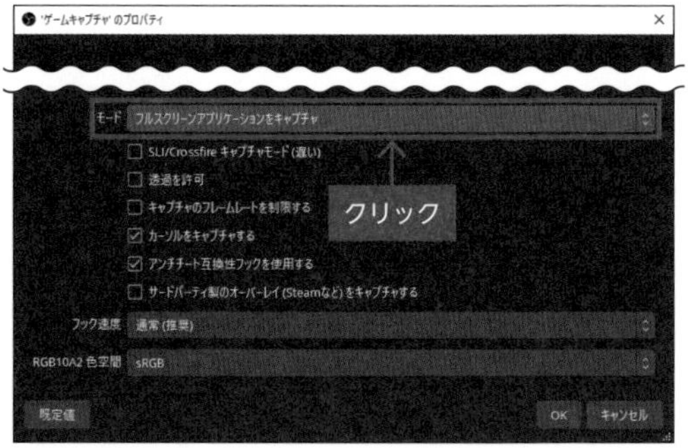

❹ ここでは「モード」で「特定のウィンドウをキャプチャ」を選択し、「ウィンドウ」でゲームの名前を選択したところ、ゲームの画面が表示されました。「OK」をクリックして、この画面を閉じます。

❺ もとの画面に戻って、ゲーム画面のサイズと位置を調整します。ウィンドウの四隅をドラッグすると画面サイズが変更でき、画面上をドラッグすると位置が変更できます。

MEMO コーデックが開けないときはエンコーダを変更する

パソコンによっては「NVENCを開けませんでした」などのエラーが発生することがあります。その場合は、「ファイル」メニューから「設定」をクリックして「設定」画面の「出力」をクリックし、右の画面で2箇所の「エンコーダ」をクリックして「ソフトウェア(x264)」などを選択します。

音声ソースを追加する

❶ 次に実況の音声を追加します。「ソース」ペインで「＋」アイコンをクリックし、「音声入力キャプチャ」を選択します。

❷「ソースを作成/選択」画面が表示されたら「既存を追加」を選択して、「OK」をクリックします。

❸「プロパティ」画面が表示されるので、「デバイス」リストからマイクとして使いたい機器を選択して「OK」をクリックします。

ライブ配信を開始する

❶ これで配信準備は完了です。「配信の管理」をクリックします。

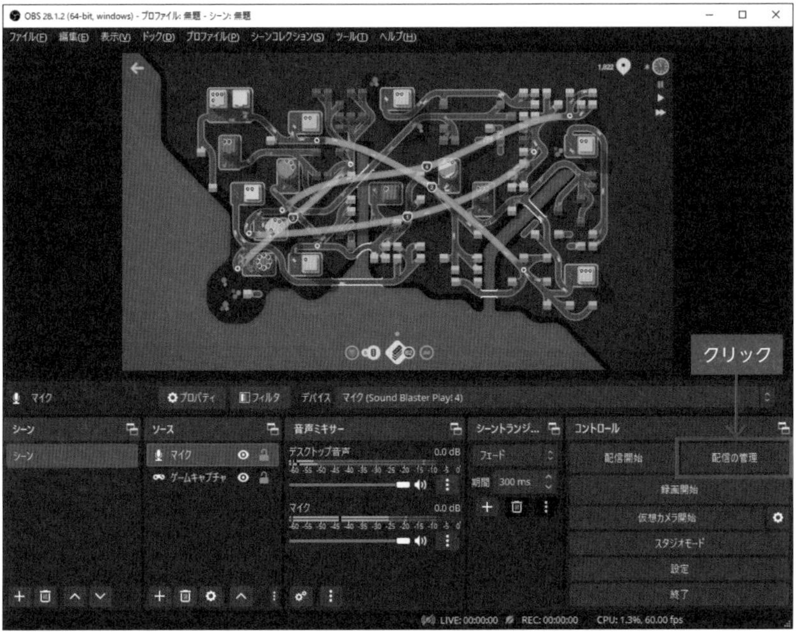

❷「YouTube配信の設定」画面が表示されるので、「新しい配信を作成」タブをクリックして、タイトルや説明などを適宜設定します。設定が終われば、「配信を作成して配信開始」をクリックしてライブ配信を始めます。

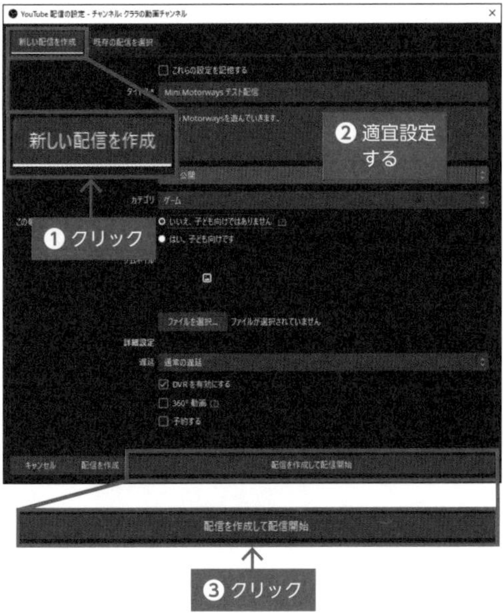

Section 006 スマホでライブ配信を行う

　チャンネル登録者が50人を超えないと、通常の方法ではスマホからライブ配信を行うことはできません。しかし、iPhoneまたはiPadで配信アプリを使うと、登録者が少なくてもライブ配信が可能です。

ライブ配信用のアプリを用意する

「Wirecast Go」というiPhone/iPad用の有料アプリを利用すると、チャンネル登録者が少なくてもライブ配信を行うことができます。

❶ App Storeで「Wirecast Go」を検索してインストールします。初回起動時にこの画面が表示されるので、「Enable Camera」と「Enable Microphone」をタップしてカメラとマイクの使用を許可しておきます。

❷ 右端の赤丸アイコンをタップします。

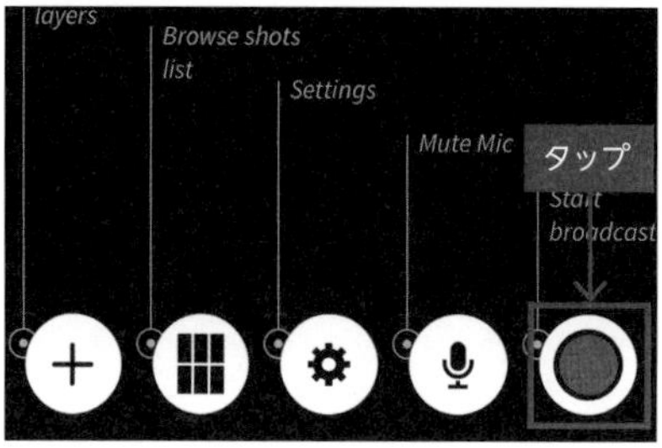

❸「Broadcasts」画面が表示されるので、「Add New Server」をタップします。

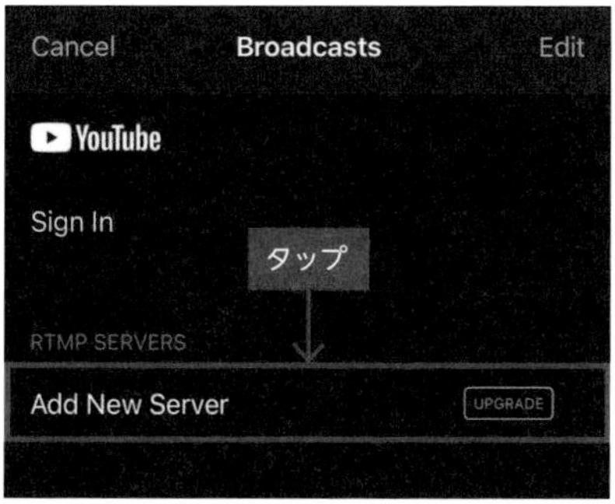

❹ アプリ内購入を促す文言が表示されるので、金額をタップして購入します。

アプリにライブ配信の情報を入力する

❶ パソコンのブラウザーでライブ管理画面を表示し、「エンコーダ配信」アイコンをクリックすると、この画面が表示されます。「ストリームキー」の右の目のアイコンをクリックして、ストリームキーを表示し、メモします。また、その下の「ストリームURL」もメモしておきます。なお、ストリームキーは他人に知られないようにしてください。

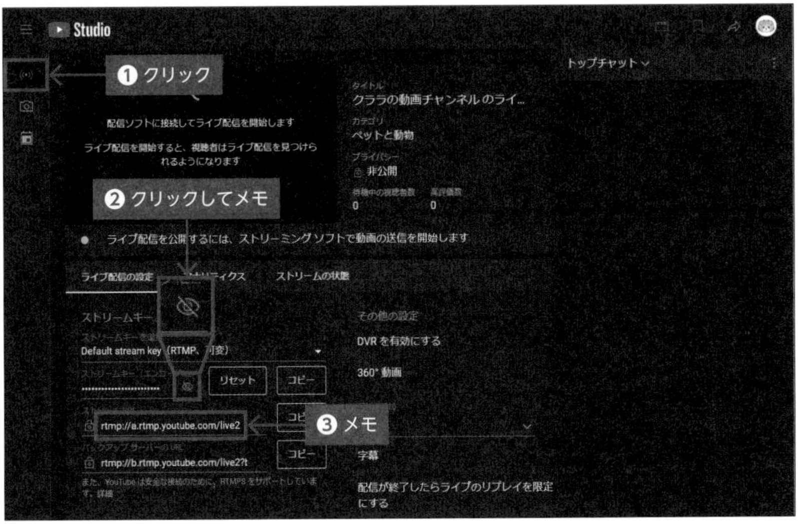

❷ iPhoneのアプリに戻って、「Description」に適当な文言を入力し、「URL」には手順❶の「ストリームURL」を、「Stream Name/Key」には「ストリームキー」を入力します。入力が終われば、画面右上の「Add」をタップします。

❸ 入力したサーバー情報をタップすると、ライブ配信が開始します。

❹ このようにライブ配信が開始します。なお、画面下に緑色のバーが左に向かって伸びていますが、これが表示されないときはライブ配信は失敗です。スマホの画面を自動回転に設定している場合、スマホの向きに対応して縦長または横長の画面になります。また、マイクアイコンをタップすれば、音声がミュートになります。

タイトルや説明などの設定を変更する

❶ パソコンのブラウザーでYouTube Studioにアクセスし、画面左側の「コンテンツ」をクリックし、「チャンネルのコンテンツ」画面で「ライブ配信」タブをクリックします。すると、「ライブ配信中」にサムネイルが表示されているはずです。サムネイルの右にマウスポインターを合わせて鉛筆型アイコンをクリックします。

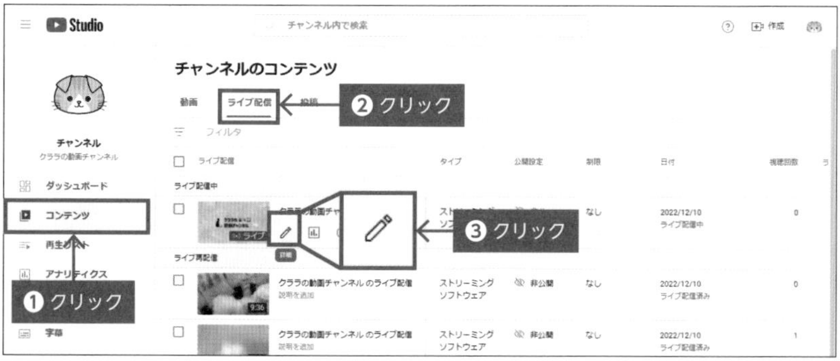

MEMO　ライブ配信を通常の方法で実行するための条件

ここで紹介した配信アプリを使わず、「YouTube」アプリで実行することもできますが、そのためにはチャンネル登録者が50人以上であり、なんらかのルールに違反していないことなどが条件です。チャンネル登録者数に関係なく、すぐにライブ配信をやってみたいなら、ここで紹介した方法が便利でしょう。

❷「動画の詳細」画面が表示されるので、タイトルと説明を入力し、「公開設定」で「公開」「限定公開」「非公開」から選択して「完了」をクリックしてから、画面右上の「保存」をクリックします。ここでは、ライブ配信のURLがわかれば誰でも視聴可能な「限定公開」を選択しています。

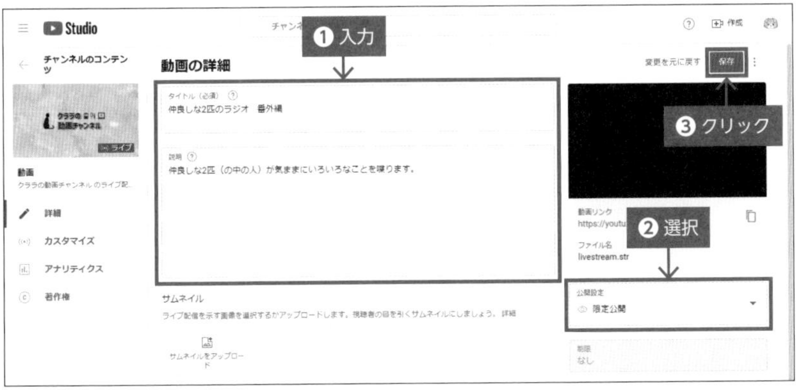

❸ライブ管理画面に戻ると、設定したタイトルと公開設定が反映されているのがわかります。ライブ配信を終了したいときは、この画面右上の「ライブ配信を終了」をクリックします。アプリ側で終了しても、この画面で終了しなければ最後の画面が表示されたまま、ライブ配信は続いてしまうので注意しましょう。

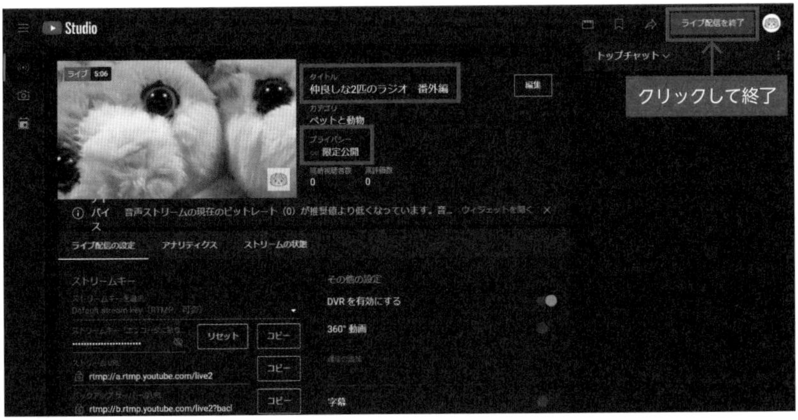

MEMO

うまくいかない場合は時間を空けて再度試してみよう

左ページ手順❹のように画面下に緑色のバーが表示されない場合は、なんらかの理由でライブ配信に失敗しています。何度か試してみてうまくいかないときは、ちょっと時間を空けて再度試すとうまく配信できることがあります。

Section 007 録画済みの動画をプレミア公開する

ライブ動画と似たしくみとして、プレミア公開があります。特定の時間から視聴でき、チャットが使えるところも同じですが、事前に動画を制作してあらかじめアップロードしておく必要があるところが異なります。

新たに動画をアップロードして設定する

❶ プレミア公開はライブ配信とは異なり、作成済みの動画をアップロードして設定します。アップロード済みの動画には適用できないことに注意してください。YouTube Studioで画面右上の「作成」をクリックして、「動画をアップロード」をクリックします。

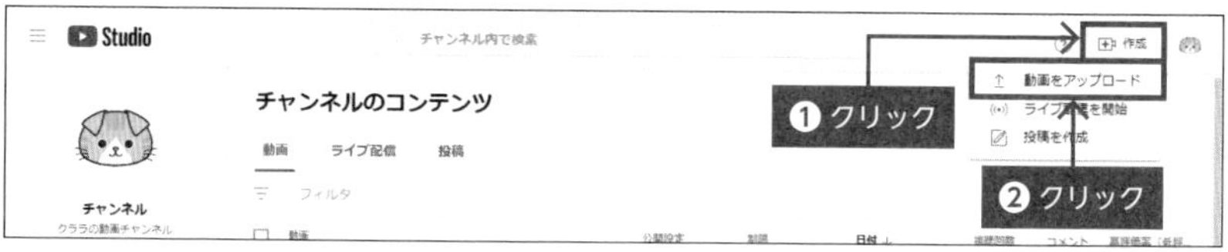

❷ タイトルと説明を入力し、サムネイル画像をアップロードするか、動画内のシーンをサムネイルとして指定します。動画が子ども向けかどうかを選択して設定できたら右下の「次へ」をクリックします。

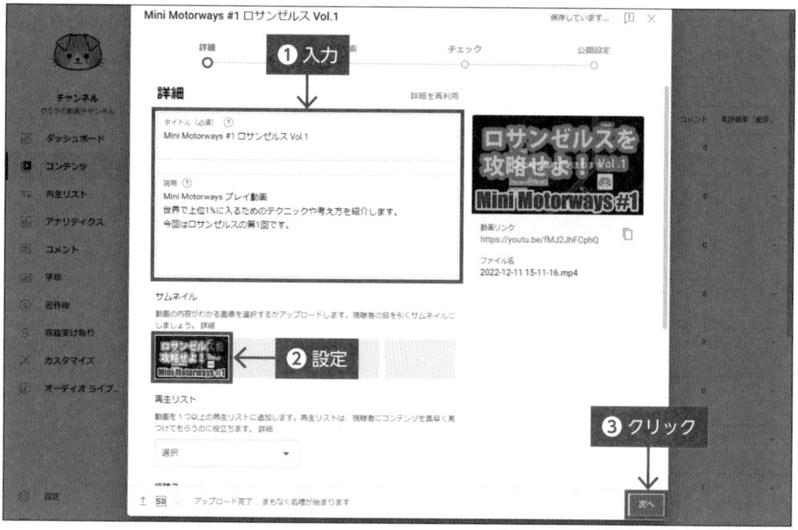

❸ 画面の指示どおり進めて、「公開設定」画面で「スケジュールを設定」を選択し、プレミア公開する日時を指定します。そして、「プレミア公開として設定する」にチェックを付けて、「プレミア公開の設定」をクリックします。

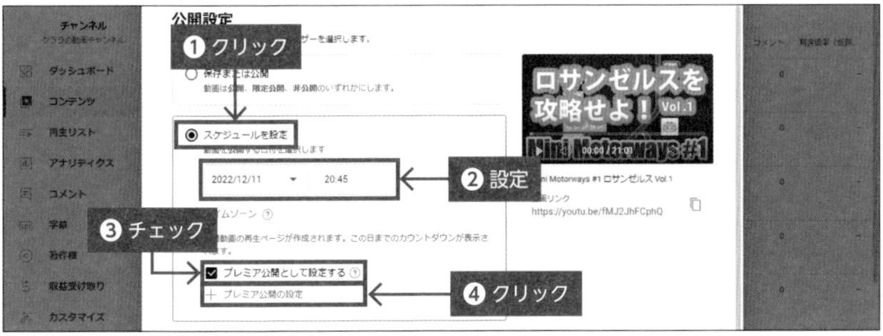

❹ プレミア設定では、設定した日時から動画を公開できますが、その数分前からカウントダウン映像を流すことができます。「カウントダウンテーマ」で好きな映像を選択し、「カウントダウンの長さ」で1分から5分まで長さを選択します。選択できたら「保存」をクリックし、手順❸に戻って画面右下の「スケジュールを設定」をクリックすれば設定完了です。

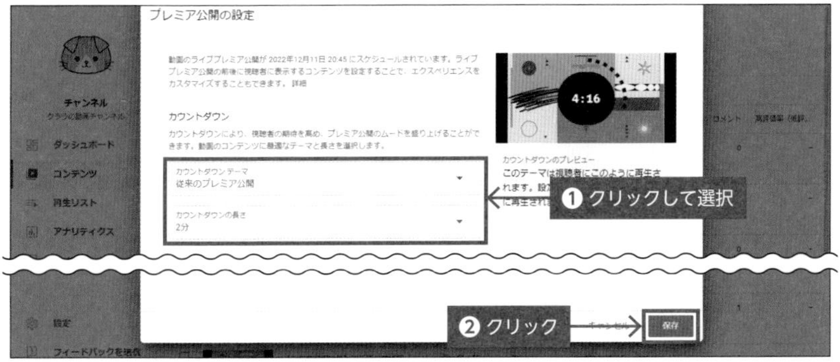

MEMO 「インスタントプレミア公開」という選択肢もある

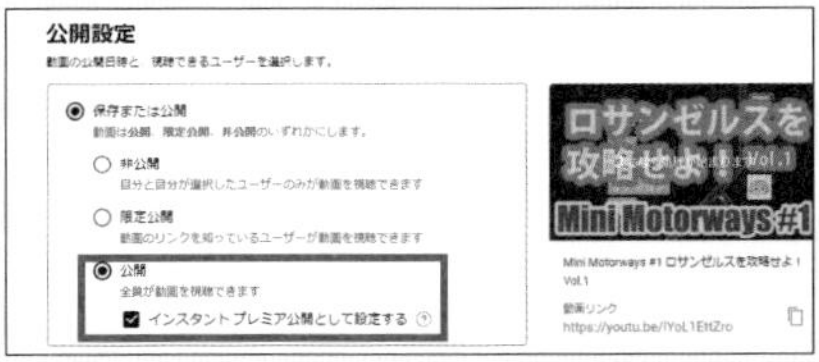

動画の公開方法をプレミア設定にすると、公開前からYouTubeでの検索にヒットしたり、視聴者に通知を送信したりするメリットがあります。そのため、通常はプレミア公開を選択すべきですが、今すぐチャット機能付きで動画を公開したいなら「公開設定」画面で「公開」を選択し、「インスタントプレミア公開として設定する」にチェックを付けます。

Section 008 ライブ配信のアーカイブを公開する

ライブ配信の動画は、ライブ配信を行う際に設定した公開設定のまま、保存されます。もし非公開の配信を公開したい場合は、あとから公開設定を変更して、誰にでも視聴してもらうことも可能です。

「コンテンツ」画面で公開設定を変更する

❶ YouTube Studioにアクセスして、左側の「コンテンツ」をクリックして「ライブ配信」タブをクリックします。公開設定を変更したい動画の公開設定をクリックします。

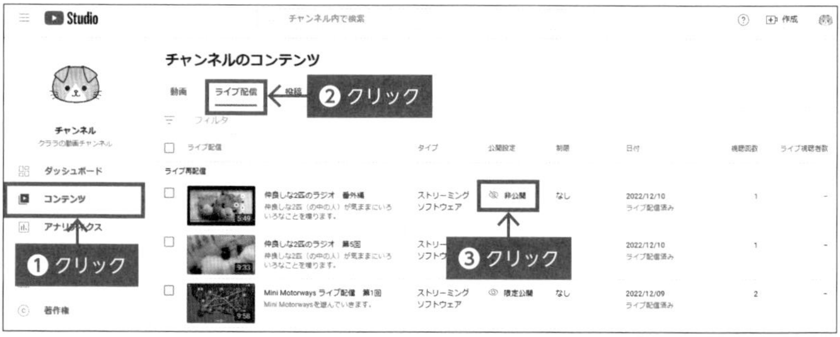

❷ 公開設定が表示されるので、「公開」または「限定公開」を選択して、右下の「公開」をクリックします。なお、「スケジュールを設定」を選択すると、いったん非公開にしておき、あらかじめ決めた日時になったら公開することができます。

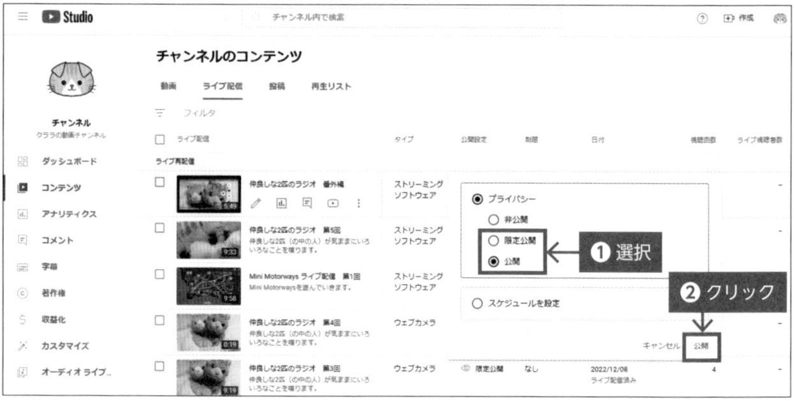

第8章

動画を分析して再生数アップを目指す

Section 001 動画の再生数を伸ばすためのコツ

せっかくおもしろそうな動画が作れたのに、あまり再生数が伸びないとガッカリしてしまいます。人気YouTuberほどではなくても、ある程度コンスタントに見てもらうための方法を考えていきましょう。

動画を作る前に考えておくべきこと

視聴者にとって価値のある内容を含める

まず大原則として、視聴者にとってなんらかの価値のある内容でなければなりません。料理やDIYといったハウツーを扱うジャンルなら、視聴者にハウツーが伝わるような動画でなければなりません。日常を語るチャンネルなら、投稿者の見た目や声、生活や仕事に魅力や特徴が必要です。知識を伝える動画は、正確な情報と理解しやすい構成と語り口が重要です。あるいは、動画を見た視聴者が「楽しい」「スッキリした」という内容でもかまいません。どんな価値を視聴者に提供できるのかを考えて、動画作りに臨むべきでしょう。

トレンドを追うか、定番を狙うか

トレンドを追って、最新情報を扱うと興味を持ってもらえる一方で、多くの人が興味を持ちそうな定番ネタも再生回数が伸びる傾向にあります。たとえば、スマホの新製品レビューを発売直後に出せば、視聴者は増えますが、「ノートパソコンのバッテリーを長持ちさせる方法」のように、10年以上前からよく論じられているテーマも視聴者にとっては魅力的です。

同じジャンルの動画を研究する

自分が投稿している動画のテーマと似たようなテーマを扱っているチャンネルがあれば、まずはそれを見て、いいところを真似することから始めるのも1つのやり方です。セリフや映像、音楽をそのまま使うのはダメですが、利用できる部分はほかにもあります。鉄道に乗った体験を投稿する「乗り鉄」のチャンネルであれば、どの駅を撮影するのか、どの路線や電車を使うのか、どういうシーンを撮影するのかなど、「パクリ」だと思われない範囲でほかの鉄道チャンネルを参考に構成を考えるといいでしょう。

動画制作時に注意すること

構成は撮影前に考えておく

どのような構成にするかは、撮影前に決めておくのが基本です。撮影後にどうしても入れたいシーンが出てくると、撮影をやり直す手間がかかってしまうだけでなく、そもそも再度撮影できないこともあるからです。また、使わないかもしれないシーンも含めて、多めに撮影しておくのも必要なテクニックです。

また、動画に結論部分がある場合、先にまとめておくことで視聴者のストレスを軽減することができます。もちろん、結論がわからない状況で期待を盛り上げることも可能ですが、数分間でも視聴者を惹きつけるのは意外と難しいものです。

情報の密度を上げる

単調なシーンは、カットしたり早送りしたりすることで、情報の密度が下がらないように注意します。たとえば、ゲームのプレイ動画で経験値を稼ぐための戦闘シーンを延々見せられると、視聴者は飽きて離脱してしまいます。また、話すのが苦手な人が自分の声で解説を入れたいときは、細かくカットしていい淀んだところを削除していくと、テンポがよくなります。

本編のおもしろさが最重要

おおざっぱにいって、動画は①導入②本編③締めの3パートから成ります。最も重要なのはやはり本編なので、導入は簡単にするといいでしょう。たとえば、ゲーム実況動画なら、導入は「いつもご視聴ありがとうございます。（チャンネル名称）の（投稿者名）です。今日も（ゲーム名）をプレイしていきます。」のように簡単なものにとどめます。

企画系チャンネルでは、最初に企画内容を説明したほうがわかりやすくなりますが、長くなりすぎると、視聴者が飽きてしまい、離脱しやすくなります。

締めにはお願いやお知らせを含める

締めの部分では視聴者が離脱しやすいので、どうしても見てほしい内容を盛り込むのには適しません。チャンネル登録や高評価、コメント投稿のお願いや、ほかの動画の紹介、自分が投稿しているSNSの告知など簡単な内容にとどめておくのがいいでしょう。

必ずやっておきたいのが、終了画面でのほかの動画や再生リストの紹介です。これによって、自分のチャンネルへの滞留時間が増えます。

字幕またはテロップを入れる

字幕はYouTubeに用意されている機能で、音声を文字に変換し、動画の進行に応じて表示するように設定すれば、聴覚障害者の視聴や音声を聞けないシチュエーションでの視聴にも便利です。また、外国語の字幕を設定することで、内容によっては外国人の視聴も見込めます。

また、テロップを入れた動画も最近よく見かけます。テロップは動画編集時に文字を動画に埋め込んでしまうので、字幕のように動画アップロード後に修正することはできません。しかし、字幕よりもずっと見やすいデザインで動画に含めることができるので、検討してみてもいいでしょう。

動画投稿後にやっておくべきこと

魅力的・具体的なタイトルを付ける

見たい動画を探している視聴者は、まずサムネイルをざっと見て興味を惹かれるものがあれば、タイトルを見ます。そこで魅力的なタイトルを見つければ、その動画を視聴するという順序を取ります。つまり、動画の視聴回数を増やしたいのであれば、まずユーザーの興味を惹くサムネイルを作り、魅力的なタイトルを付ける必要があります。

また、その際、抽象的なタイトルよりは具体的なタイトルのほうが興味を惹きやすいといえます。「電子ペーパー搭載タブレットの選び方」よりも「2022年発売の電子ペーパー搭載タブレット　トップ5」としたほうが注目されやすいのです。

サムネイルの作成については、次節を参照してください。

タイトル文字数は40文字を目安に

タイトルは、40文字程度までに収めます。パソコンからの視聴であれば、もう少し長くても正しく表示されますが、スマホからの視聴では全角36文字程度までしか表示されない場面があるからです。

「釣り」タイトルは不可

少しでも視聴回数を増やしたいからといって、動画の内容とはあまり関係ないタイトルを付けたり、針小棒大に話を膨らませたタイトルを付けたりするのはおすすめできません。一時的に再生数は伸びるかもしれませんが、低評価が増えてしまい、結果的にそのチャンネルの動画すべてが表示されにくくなり、視聴回数が減ることにつながります。

Section 002 注目を集めるにはサムネイルが重要！

サムネイルは、動画のタイトルや内容と並んで、再生数を左右する大切な要素です。サムネイルが今ひとつだと、同じ内容でも再生数が伸び悩んでしまいます。ここでは、どんなサムネイルが望ましいか、1つの指針を提示します。

なぜサムネイルが重要なのか

動画のサムネイルは、すでに76ページで解説したように、動画のアップロード時に動画中から自動的に切り出される画像から選択して設定することができます。つまり、とくにサムネイルを作らなくても、サムネイル自体は用意できるのです。しかし、そんな方法でサムネイルを作っている動画は少数派に属します。通常は、動画とは別途サムネイル画像を用意し、アップロードしています。

なぜそんな手間のかかることをするのでしょうか。

サムネイルが重要な理由

YouTubeのトップ画面や再生画面の横や下には、サムネイルがずらりと表示されます。とくに見たい動画が決まっていなければ、そこから見る動画を選択して再生しますが、このときに視聴者のほとんどは最初にサムネイルを確認します。もしサムネイルを見て興味を持てば、タイトルを確認し、クリックまたはタップして再生する……という順番で動画を視聴します。

つまり、サムネイルは動画視聴の入り口にあたるため、視聴者を惹きつけるのに非常に重要な役割を担っているのです。サムネイルが魅力的な画像だと、タイトルがうまく付けられていなくも、その動画のチャンネル登録者以外から視聴されやすくなります。

どんなサムネイルが望ましいのか

視聴者を惹きつけるためには、動画の内容がある程度想像できるサムネイルが望ましいといえます。たとえば、旅行時に撮影した映像であれば、いつごろどこに行ったのか、どういう目的で旅行に行ったのかなど、その動画の何が見どころなのかがわかるサムネイルを作るようにしましょう。

大半のサムネイルには、写真やイラストが含まれています。動画中の一場面を流用する方法もありますが、別途撮影するか、写真やイラストを配布しているサイトからダウンロードしてもいいでしょう。

チャンネルのブランドイメージを高めるには

視聴者数を増やすには、チャンネルのブランドイメージを高め、チャンネルを視聴者に記憶してもらうことが必要です。そのための方法はいくつか考えられますが、もし動画内で顔を出していれば、サムネイルに顔を入れるといいでしょう。視聴者にとって、投稿者がどんな人かを理解しやすいからです。顔を出していなければ、動物の写真やイラストを使う手もあります。

また、サムネイルでの色使いのパターンを決めるのも効果があります。コーポレートカラーのように、毎回同じ色をテーマカラーにすれば、視聴者の印象に残りやすくなります。

サムネイルを作るには

サムネイルは、1280×720ドット以上（1920×1080ドット推奨）の画像である必要があります。画像の作成はWindows標準の「ペイント3D」も利用できますが、細かい調整ができないので、かなり不便です。以下におすすめの画像編集アプリを挙げておきます。参考にしてください。

●Adobe Photoshop

https://www.adobe.com/jp/products/photoshop.html

画像編集といえば、まずPhotoshopを思い出す人も多いでしょう。フォトレタッチ機能では抜群の性能を誇る有料アプリですが、プランによっては意外と安価に利用できます。ユーザーが多いので、情報が多いのもメリットです。

■月額1078円～(フォトプラン)

●Adobe Illustrator

https://www.adobe.com/jp/products/illustrator.html

ベクター画像の編集によく使われている画像編集アプリです。Photoshopよりも操作が難しいといわれますが、サムネイル作成にはPhotoshopよりも向いています。美しいサムネイル画像を作りたいなら、チャレンジしてみるといいでしょう。

■月額2728円～(単体プラン)

●GIMP

https://www.gimp.org/

Photoshopの代用としてよく使われている無料アプリで、写真などのビットマップ画像を編集できます。使い方にややクセがありますが、機能が豊富なので、どうしても無料で画像編集アプリを使いたい人におすすめです。
■無料

●Canva
https://www.canva.com/
ブラウザーでもアプリでも利用できる画像編集サービスです。無料で使用できるテンプレートが多数用意されています。細かい設定は有料プランに申し込まないと使えませんが、サムネイル作成は可能です。
■無料／年間1万2000円（Canva Pro）

●Fotor
https://www.fotor.com/
ブラウザーで利用できる画像編集サービスです。Canva同様、無料で使用できるテンプレートが豊富に用意されており、簡単なサムネイルであれば、無料プランでも作成できます。また、ダウンロードアプリも用意されており、簡単なコラージュなどのフォトレタッチが無料で作れます。
■無料／月額999円（Fotor Pro）

写真やイラストを無料または低価格で使用するには

写真やイラストをサムネイルに利用するときは、ネットから適当にダウンロードしたものを使ってはいけません。写真を販売しているサイトから購入すると安心ですが、購入する余裕がない場合は無料配布サイトからダウンロードしてもいいでしょう。その際、必ず利用規約に目を通すようにしてください。利用方法に制限が設けられている場合があります。
以下におすすめの画像配布サイトを挙げておきます。参考にしてください。

●写真AC
https://www.photo-ac.com/
会員登録すれば、無料でも1日9点まで写真やイラストなどをダウンロードできます。ただし、検索が1日4回までに制限されています。
■無料／月額1602円、年額1万7301円

●Pixabay
https://pixabay.com/ja/
会員登録なしで写真をダウンロードできますが、高解像度写真では会員登録が必要となる場合があります。
■無料

8

●ぱくたそ
https://www.pakutaso.com/
画像の総数はそれほど多くはありませんが、無料でダウンロードして利用できます。人物の写真が多数入手できるのが特徴です。
■無料

●Unsplash
https://unsplash.com/ja
海外の画像がメインですが、ユーザー登録なしでダウンロードできます。一部の写真は有料プランでのみダウンロード可能です。
■無料／月額6米ドル〜

●Adobe Stock
https://stock.adobe.com/jp/
有料素材がメインですが、無料素材も多数登録されています。素材の利用には、ユーザー登録が必要です。
■無料／月額3828円（3点まで、月々プラン）〜

●いらすとや
https://www.irasutoya.com/
国内で最も有名な無料イラストサイトです。独特の可愛らしいタッチで、さまざまなシチュエーション向けのイラストを配布しています。なお、1つの制作物あたり20点までという制約を忘れないようにしましょう。
■無料

どうしても必要なイラストが見つからない、あるいは探す時間が惜しい場合は、クラウドソーシングのサイトを通じて依頼すると、比較的安価にイラストを発注することができます。

よいサムネイルとはどんなものか

次にどのようなサムネイルが望ましいか、実例を見ていきましょう。筆者が作成したものですが、あくまでも一例であり、唯一の正解ではないことに注意してください。まず、NG例から紹介します。

全体的に文字が小さく、とくにパソコンでYouTubeにアクセスしたときには読めない可能性が高いです。また、文字が多すぎてアクセスする気を削いでしまう危険があります。

慣れてくると、こんな方向に走ってしまうかもしれません。グラデーションはうまく使わないとダサくなるだけでなく、読みづらいです。フォントはあまり凝りすぎないようにしないと、読めなくなります。背景との色合いが近すぎる場合もよくありません。次に改善例を挙げます。

文字の大きさにメリハリをつけて、袋文字を二重にして文字が目立つような配色にしています。

Section 003

タグを付けて関連動画に表示させる

動画の再生画面では、横や下に関連動画が表示されます。どの動画が表示されるかは、動画に付けられたタグが関係しています。関連動画として表示されるために、適切なタグを付けるようにしましょう。

キーワードをタグとして設定する

タグには、動画の内容を表すキーワードを設定します。タグは通常視聴者には表示されず、YouTubeに対して、その動画の属するジャンルなどをアピールする役割があります。

また、適切なタグが設定された動画は、検索結果でも上位に表示されやすくなるといわれています。タグに設定できるキーワードの個数の上限は明らかにされていませんが、10個から20個程度にとどめるのが安全です。なお、動画のタグに自分のチャンネル名を設定しておくと、関連動画として自分の動画が上がりやすくなり、再生数が伸びる可能性が高くなります。

❶ タグを設定するには、YouTube Studioの「チャンネルのコンテンツ」画面で設定したい動画にマウスポインターを合わせて、鉛筆型アイコンをクリックします。

❷「動画の詳細」画面が表示されるので、下にスクロールして「すべて表示」をクリックします。

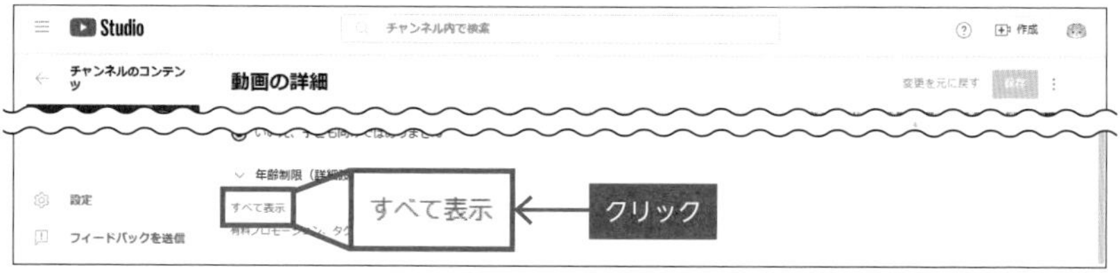

❸ 「タグ」が表示されるので、キーワードを入力します。各キーワードの間に半角のカンマを入力すると、複数のキーワードをまとめて入力できます。

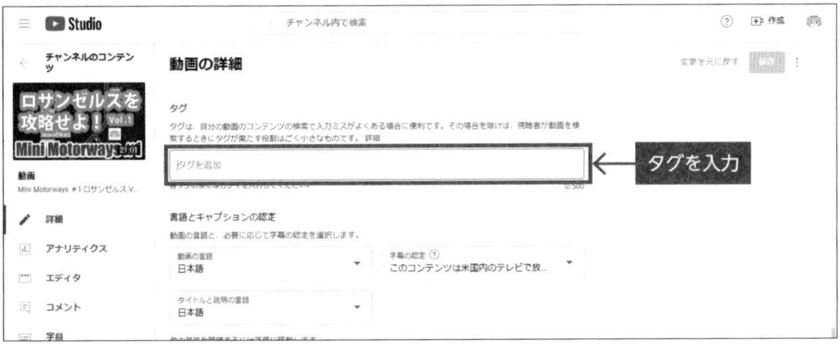

❹ 入力が終わったら、右上の「保存」をクリックします。

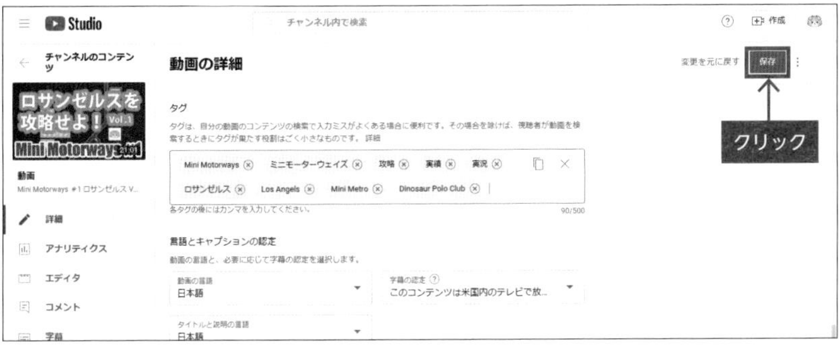

MEMO　ほかの動画のタグを参考にする

　タグは画面上に表示されないので、ほかの人の動画に付けられたタグを知るにはひと工夫必要になります。ここでは、Chromeの拡張機能「YouTube Tags」(https://chrome.google.com/webstore/detail/youtube-tags/fffiogeaioiinfekkflcfebaoiohkkgp) を使って、表示してみました。

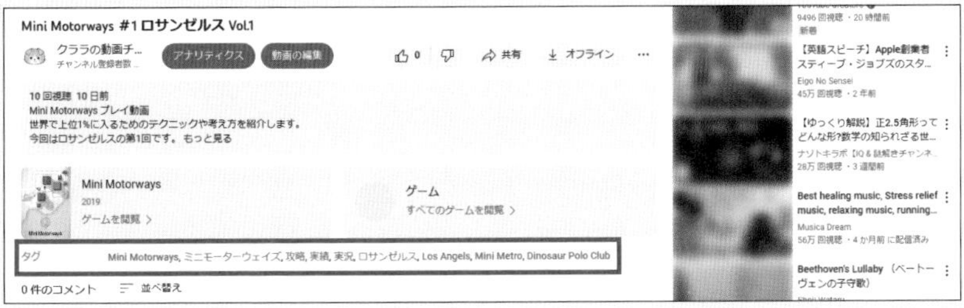

Section 004 ハッシュタグを設定して検索しやすくする

ハッシュタグは、現在多くのSNSで使われています。YouTubeでも検索をより便利にするために使うことができます。うまく設定して、視聴者に検索から自分の動画にたどり着いてもらいましょう。

ハッシュタグは「説明」欄に入力する

ハッシュタグは、最初に半角の「#」が付いた文字列で表されます。クリックすると同じハッシュタグが付いたものを検索できるしくみですが、YouTubeでは「#」の付いていないキーワードも併せて検索結果に表示されます。

ハッシュタグは、動画の「説明」欄に60個まで入力できます。もしそれ以上入力すると、すべてのハッシュタグが無視されてしまいます。なお、スペースを含むことはできず、大文字と小文字は区別されません。

❶ YouTube Studioの「チャンネルのコンテンツ」画面で、ハッシュタグを設定したい動画にマウスポインターを合わせ、鉛筆型アイコンをクリックします。

❷「説明」欄に設定したいハッシュタグの文字列を入力します。途中まで入力すると、ほかの動画で使われているハッシュタグの候補が表示されるので、そこから選択してもいいでしょう。また、複数のハッシュタグを入力するときは、半角または全角のスペースで区切ります。なお、ハッシュタグに自分のチャンネル名や独自の文字列を入れておくと、そのハッシュタグで検索したときに自分の動画が表示されやすくなります。

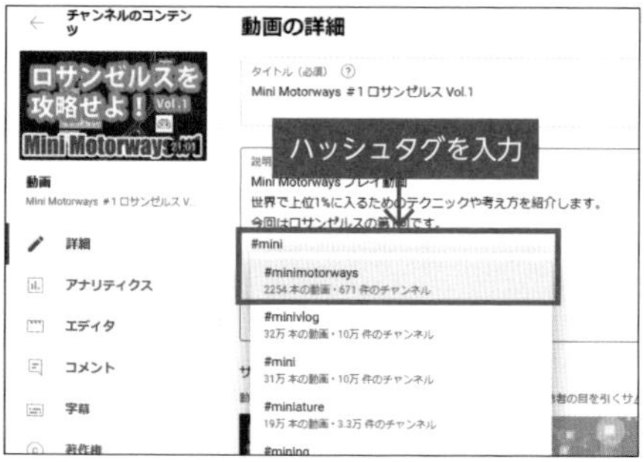

❸ 入力できたら、右上の「保存」をクリックします。ハッシュタグの文字列では、途中で改行を入れてもかまいません。

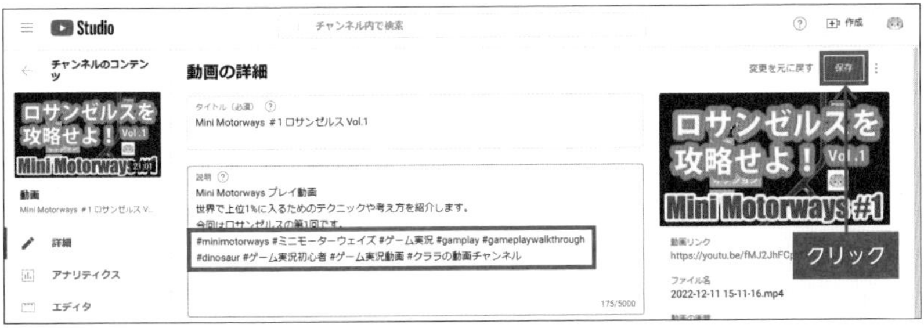

❹ ハッシュタグのうち、最初の3つは「説明」欄の最初にも表示されるので、重要なハッシュタグを最初に置くといいでしょう。

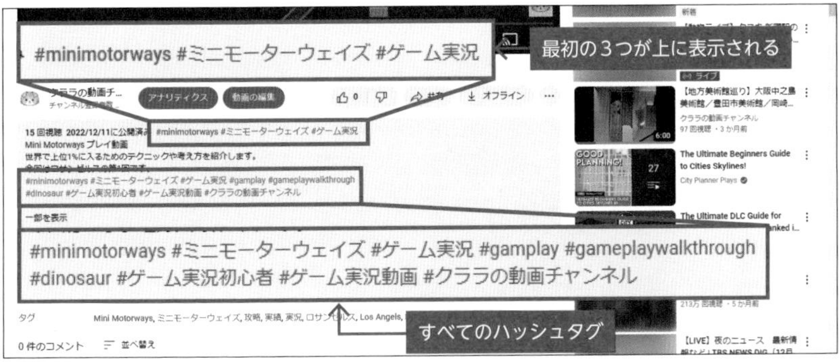

❺ ハッシュタグで検索すると、同じハッシュタグが付いた動画やその関連動画がヒットします。ここでは「#minimotorways」というハッシュタグを付けたところ、ハッシュタグでの検索で自分の動画がヒットしています。

Section 005 終了画面でチャンネル登録や関連動画へ誘導する

動画の終了時には、ほかの自分の動画やチャンネル登録などへの誘導を行うことができます。うまく利用することで、視聴回数やチャンネル登録者の増加を見込めます。

終了画面をカスタマイズする

❶ YouTube Studioの「チャンネルのコンテンツ」画面で終了画面を変更したい動画にマウスポインターを合わせ、鉛筆型アイコンをクリックします。

❷「動画の詳細」画面で、右側の「終了画面」をクリックします。

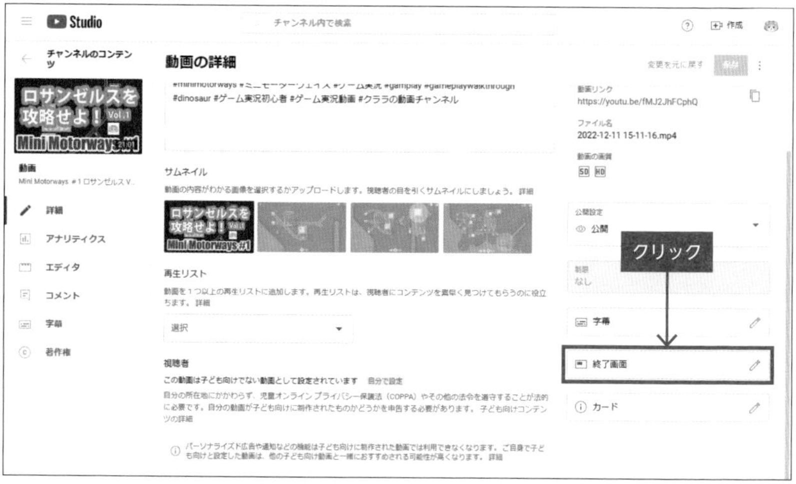

❸「終了画面」が表示されます。6つのパターンがあらかじめ用意されているので、その中から選択すると簡単です。もっと要素を増やしたい場合は、「要素」をクリックすると、4つまで追加できますし、パターンを選択せずに最初から自分で追加していくことも可能です。

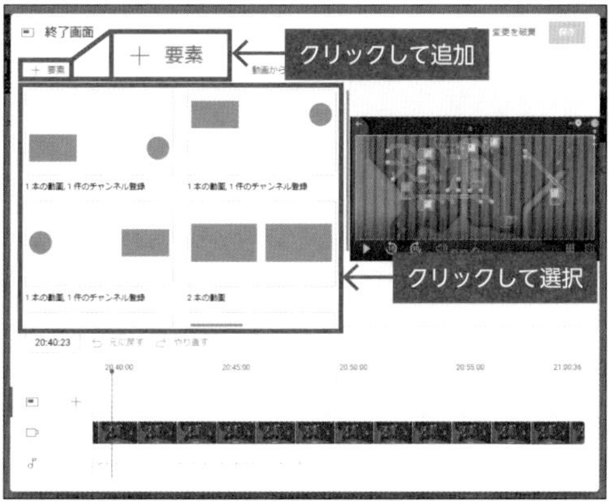

❹終了画面に配置されたパーツは、ドラッグして移動することができます。また、パーツによっては四隅をドラッグしてサイズを変更可能です。ただし、変更幅には制限があります。

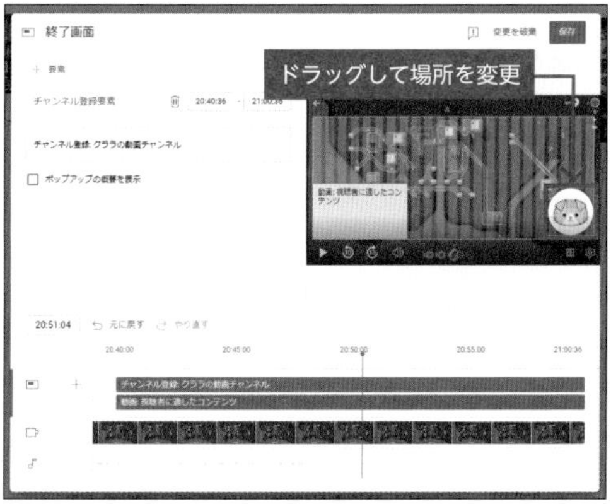

❺動画のパーツをクリックして選択すると、最新の動画や視聴者に適したコンテンツ、ほかのチャンネルの動画を選択することができます。選択できたら、右上の「保存」をクリックして設定を保存します。

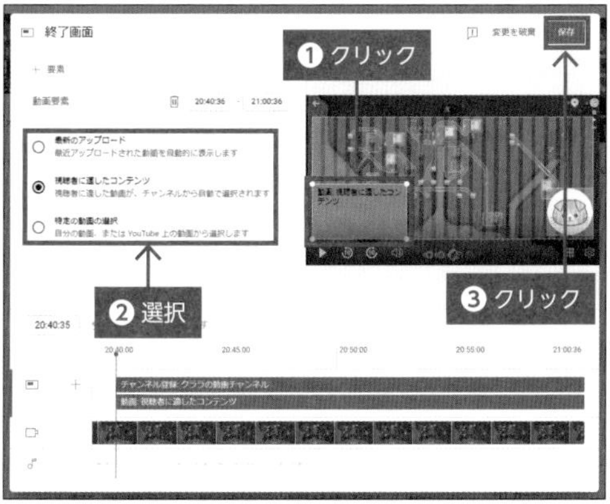

Section 006

チャンネルの状況を確認する

　ここまで、動画の再生回数を増やすための方法を解説してきました。その対策がうまく機能しているかを知るためには、定期的に再生状況をチェックする必要があります。ここでは再生状況の確認方法を解説します。

「チャンネルアナリティクス」を表示する

❶ YouTube Studioの画面左の「アナリティクス」をクリックすると、「チャンネルアナリティクス」画面が表示されます。「概要」タブをクリックして、表示期間を選択すると、チャンネルの動画の合計視聴回数などが表示されます。この画面では、「視聴回数」「総再生時間」「チャンネル登録者」にグラフ表示を切り替えることができます。また、画面下には視聴回数上位の動画が表示されます。

❷「チャンネルアナリティクス」画面で「コンテンツ」タブをクリックし、通常の動画、ショート動画、ライブ配信に分けて視聴回数などをグラフで表示できます。さらに、通常の動画のサムネイルが表示された回数「インプレッション数」、サムネイルがクリックされた割合「クリック率」、動画ごとの「平均視聴時間」をそれぞれ確認できます。

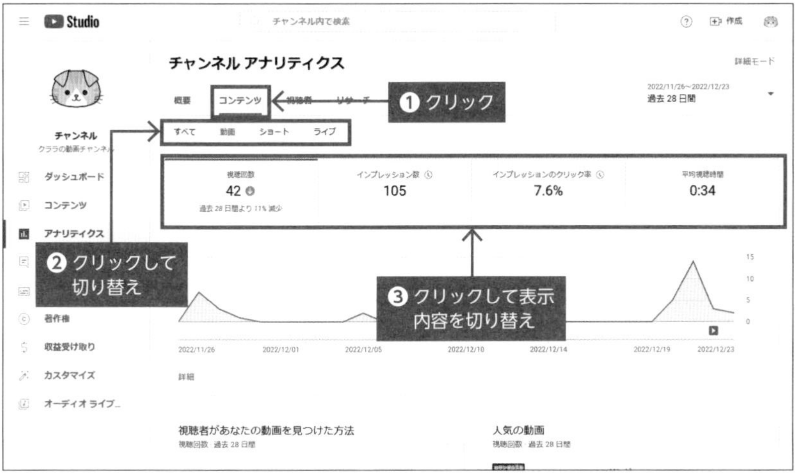

❸「視聴者」タブをクリックすると、動画の視聴者の情報がわかります。「リピーター」ではこのチャンネルの動画を複数回再生してくれている視聴者の数、「ユニーク視聴者数」では全体で何人の視聴者がいるのか、「チャンネル登録者」ではどのくらいチャンネル登録者数が増えたかをそれぞれ知ることができます。

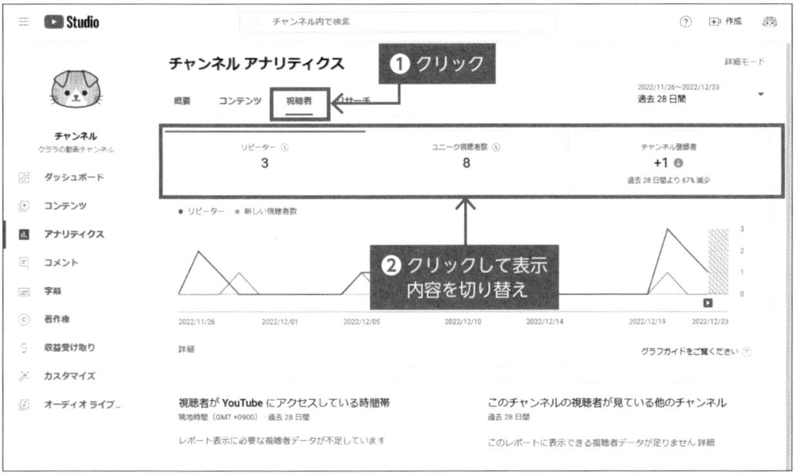

さらに詳細なデータを確認する

「チャンネルアナリティクス」画面の右上にある「詳細モード」をクリックすると、さらに細かいデータが表示されます。動画ごとの傾向を見たいときは、このモードを利用するといいでしょう。

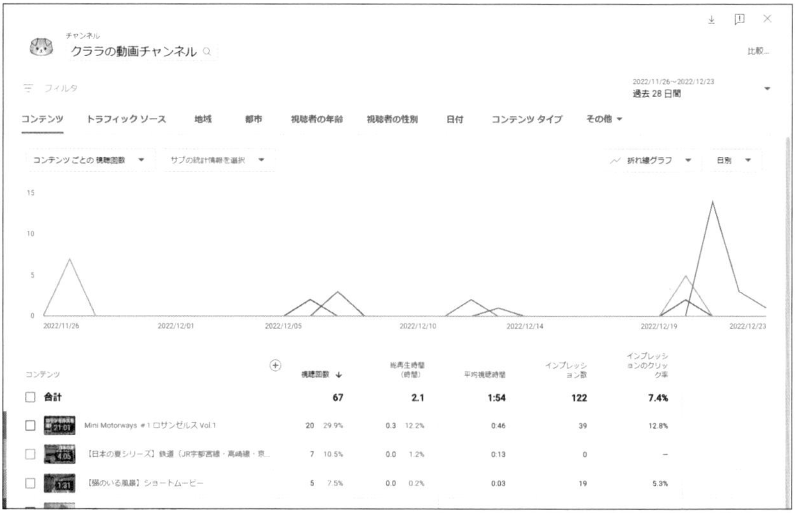

MEMO　キーワードの検索ボリュームを調べる

ハッシュタグにどういうキーワードを設定すればいいのかがわからないときは、「リサーチ」タブで「YouTube全体での検索」をクリックし、キーワードを入力してみましょう。キーワードの組み合わせごとに、どのくらい検索されているかが表示されます。「YouTubeでの検索ボリューム」が「高」になっているキーワードをハッシュタグに設定すると、検索からの流入増が見込めます。

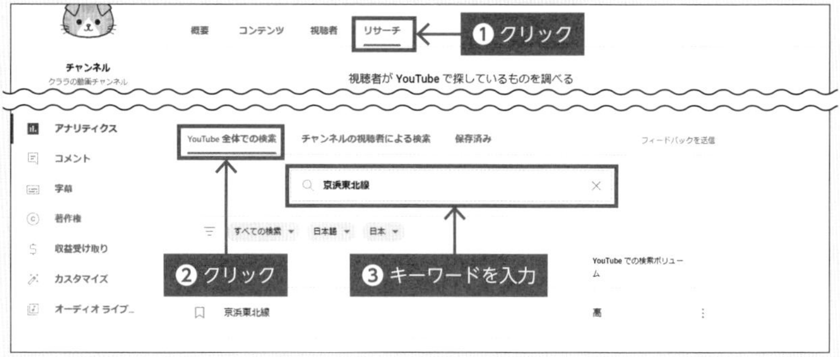

第9章

動画に広告を付けて収益化する

Section 001

広告収益のしくみを知る

YouTube広告は、企業が出稿した広告をYouTube動画の前後や途中に差し込んだり、YouTube上のスペースに表示したり、YouTubeのシステムを使ってアプリや外部サイトで再生したりするシステムです。まずは基本的なことから確認しておきましょう。

YouTube広告のしくみを知っておく

YouTube広告は、視聴者、広告主、動画投稿者の3者の間でYouTubeを介して情報や金銭などのやりとりが発生するしくみになっています。ここでは、そのしくみを簡単に解説します。

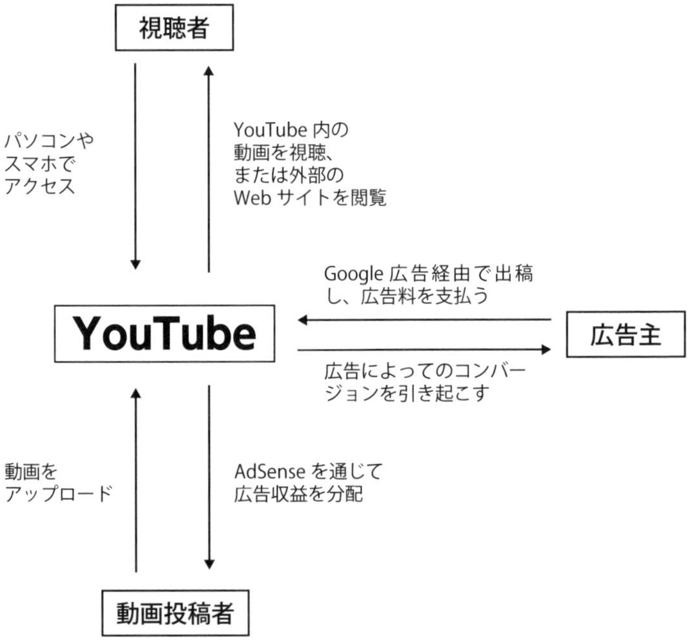

視聴者はパソコンやスマホを使ってYouTubeにアクセスします。YouTubeからは動画のデータや広告が配信されます。外部のWebサイトやアプリにYouTubeの動画広告が表示されていることもあります。

広告主は、Google広告というシステムを使って広告出稿を行い、視聴者に動画広告を見てもらったり、表示したリンクから外部のWebサイトにアクセスしてもらったりして、広告のコンバージョンを得ます。

動画投稿者がYouTubeに動画をアップロードすると、自動的にその動画の前後や途中などに動画広告が挟み込まれます。また、動画のサムネイルが表示されているページに広告のリンクが表示されます。そうしてYouTubeが得た広告収益の一部がAdSenseというシステム経由で投稿者に分配されます。

なお、外部のWebサイトやアプリ内に表示される動画広告は、動画投稿者には関係なく配信されます。

収益の金額はどのようにして決まるのか

動画の前後や途中で再生されるタイプの動画広告では、どの動画に出稿するかを広告主は基本的に選択できません。広告主が動画広告を表示する視聴者の属性や地域、動画のジャンル、表示する時間帯などをあらかじめ決めておくと、それにしたがって、どの動画に動画広告が表示されるかが自動的に決まります。

そして、動画広告が何回、どのくらいの時間、再生されたかによって、動画投稿者に分配される収益の金額が変わってきます。一般に、動画が長いほど、動画広告の表示回数は増えます。また、1回再生されるたびに、いくら収益が上がるかという広告単価は、動画のジャンルなどいろいろな要素によって、大きく上下します。

そのため、一般の広告のように、広告を掲載する側が「このように表示するので、広告料はこのくらいもらう」と、あらかじめ決めておくことができません。再生回数のわりに収益が上がる場合もあれば、逆もあります。

なお、収益の振り込みにはAdSenseのルールが適用されます。発生した収益の額がそのまま振り込まれるのではなく、一定の金額に達した場合に限り、月ごとに振り込まれます。

Section 002 YouTubeの広告の種類

YouTubeで表示される広告には、いくつかの種類があります。投稿者の動画に挿入され、収益と関係ある広告は一部に限られますが、どんな広告が提供されているのかを知識として知っておいてもいいでしょう。

YouTubeではいろいろな種類の広告が表示される

YouTubeに表示されている広告で、視聴者が気になるのは動画の前後または途中に表示される動画広告でしょう。しかし、それと気づきにくい形で配信されている広告もあります。ここでは、おもなものを取り上げて説明します。

インストリーム広告

動画の前後または途中に表示される動画広告です。開始して5秒後にスキップできるタイプと、15秒以内でスキップできないタイプがあります。

バンパー広告

動画の前に表示される動画広告です。時間は6秒間に決まっていますが、スキップすることはできません。

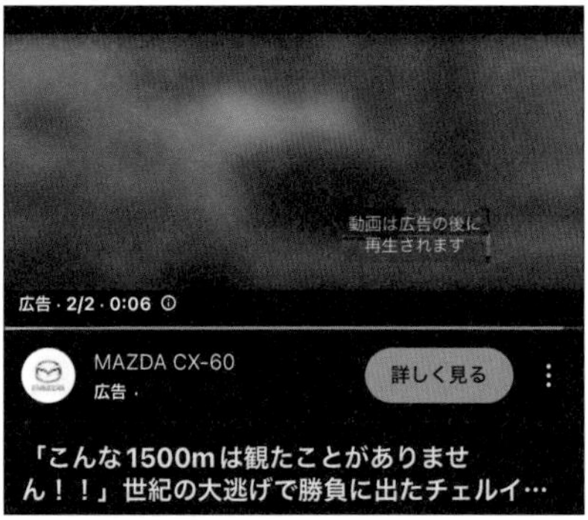

オーバーレイ広告

パソコンのブラウザーでの再生時に動画の画面下部にバナー状に表示される広告です。画像とリンクからできており、小さな×ボタンをクリックすると、消去可能です。

インフィード動画広告

検索結果やスマホアプリのトップページ、または動画再生ページでの動画横や下に挿入される動画広告です。クリックまたはタップすると、動画再生ページを表示します。

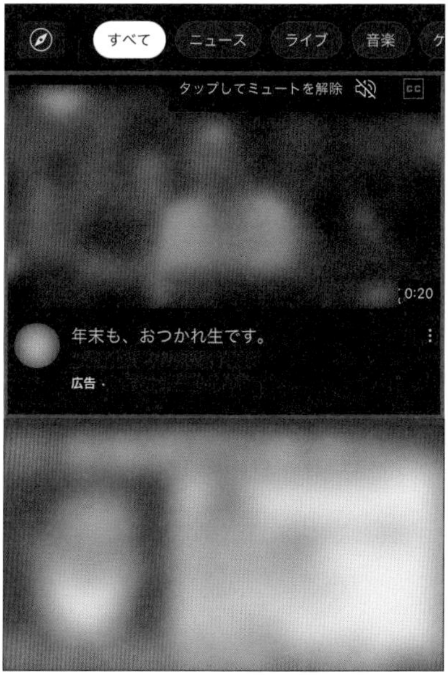

アウトストリーム広告

スマホ向けの広告です。Webサイト上やアプリ内部で動画を表示し、アプリのインストールを促すなどの内容を伝えます。

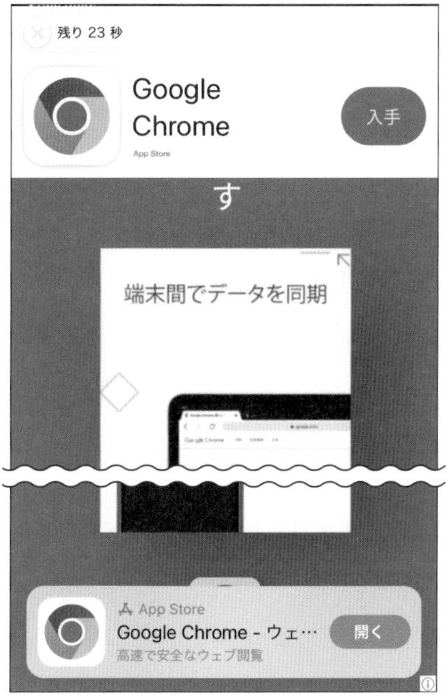

マストヘッド広告

YouTubeのトップページの上部に表示される動画広告です。

Section 003 Google AdSenseとは

YouTubeで動画広告の収益を得るためには、Google AdSenseのアカウントを作成しておく必要があります。ここでは、Google AdSenseとは何かを簡単に解説していきます。

AdSenseに申し込むには

Google AdSense（以下、AdSense）は、Googleが提供する広告配信のためのサービスです。自分が運営するWebサイトやブログに専用の広告コードを配置し、アクセスした人に広告を配信します。クリックされるごとに収益が発生し、収益が一定額を超えると受け取ることができます。

YouTubeから広告の収益を得るためには、AdSenseに申し込んでおく必要がありますが、自分で広告コードを操作する必要はありません。ただし、最初にYouTubeのアカウントとAdSenseを関連づける必要があります。

ここでは、AdSenseの申し込みの入口部分を解説しておきます。YouTubeから収益を受け取りたいだけであれば、アカウント情報を適宜入力すればOKです。

❶ AdSenseのページ（https://www.google.com/adsense/start/）にアクセスし、右上の「ご利用開始」をクリックして、Googleアカウントでログインします。

❷「準備」画面の「あなたのサイト」では「サイトを持っていません」にチェックし、「AdSenseがさらに便利に」ではいずれか好きなほうを選択しておきます。「お支払先の国または地域」では「日本」を選択して、利用規約を確認後、「利用規約を確認し、内容に同意します」にチェックを付けます。最後に「AdSenseのご利用を開始」をクリックします。

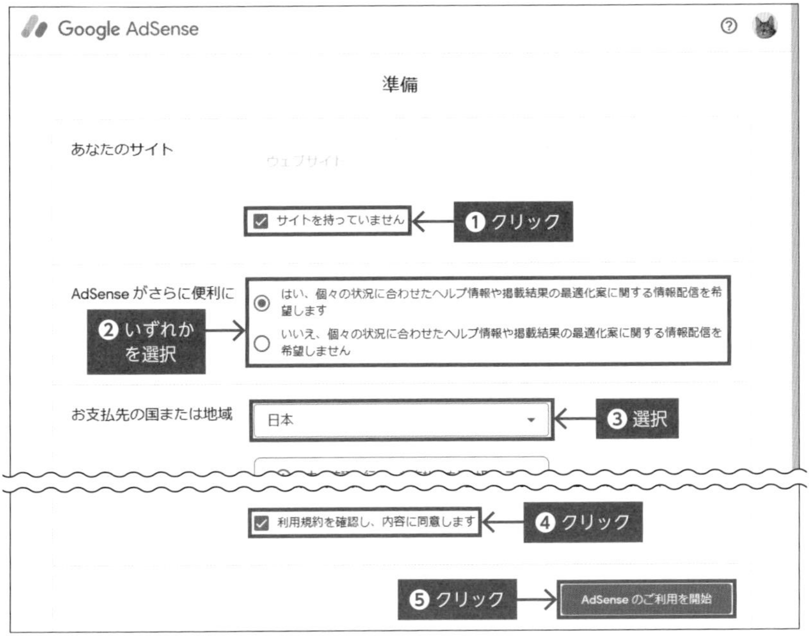

❸ この画面では「情報を入力」をクリックして、住所・氏名など個人情報を入力します。

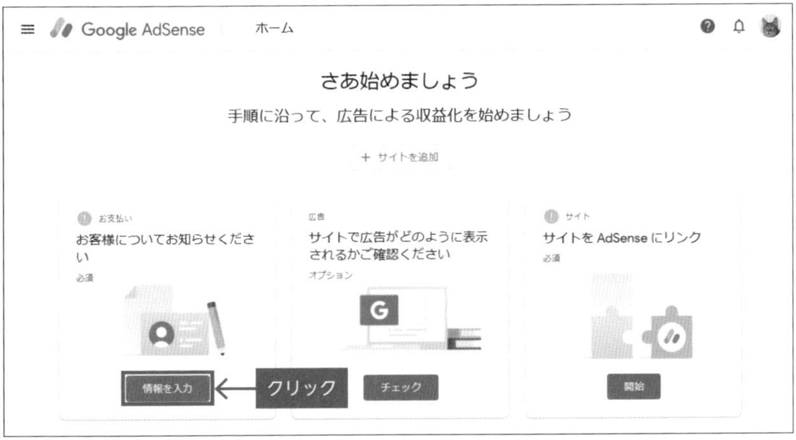

Section 004 Google広告とは

YouTube広告は、Google広告の一部です。ここでは、YouTube広告以外のGoogle広告のうち、代表的なものについて解説します。なお、Google広告にはいろいろな広告手法があり、ここで紹介するものは一部に過ぎません。

代表的な3種類のGoogle広告

Google広告には、YouTubeで再生される動画広告以外に、Google検索の結果に対して広告文とリンクが表示されるリスティング広告、Webサイトの目立つ場所に文字や画像などが表示されるディスプレイ広告、検索結果に商品の写真や名前、価格などを表示できるショッピング広告などがあります。以前は「AdWords」と呼ばれていました。

リスティング広告

検索キーワードに関連する広告が表示されるものです。パソコンでは、検索結果の下に「広告」という文言とともにテキスト広告が表示されます。スマホでは、結果の先頭に「スポンサー」という文言とともに表示されます。いずれもクリックすると、広告主が設定したリンク先のWebページにジャンプします。

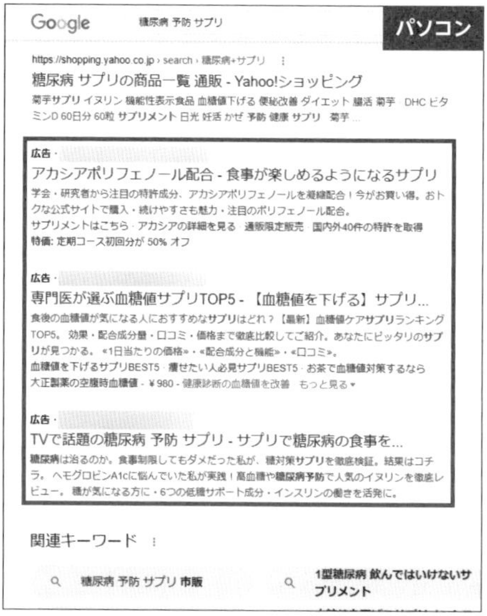
パソコン
Google
糖尿病 予防 サプリ
https://shopping.yahoo.co.jp › search › 糖尿病+サプリ
糖尿病 サプリの商品一覧 通販 - Yahoo!ショッピング
菊芋サプリ イヌリン 機能性表示食品 血糖値下げる 便秘改善 ダイエット 腸活 菊芋 DHC ビタミンD 60日分 60粒 サプリメント 日光 妊活 かぜ 予防 健康 サプリ 菊芋 ...
広告 ·
アカシアポリフェノール配合 - 食事が楽しめるようになるサプリ
学会・研究者から注目の特許成分、アカシアポリフェノールを凝縮配合！今がお買い得。おトクな公式サイトで購入・続けやすさも魅力・注目のポリフェノール配合。
サプリメントはこちら · アカシアの詳細を見る · 通販限定販売 · 国内外40件の特許を取得
特価: 定期コース初回分が 50% オフ
広告 ·
専門医が選ぶ血糖値サプリTOP5 - 【血糖値を下げる】サプリ...
食後の血糖値が気になる人におすすめなサプリはどれ？【最新】血糖値ケアサプリランキングTOP5。効果・配合成分量・口コミ・価格まで徹底比較してご紹介。あなたにピッタリのサプリが見つかる。«1日当たりの価格»・«配合成分と機能»・«口コミ»。
血糖値を下げるサプリBEST5 · 痩せたい人必見サプリBEST5 · お茶で血糖値対策するなら
大正製薬の空腹時血糖値 - ¥980 - 健康診断の血糖値を改善 もっと見る
広告 ·
TVで話題の糖尿病 予防 サプリ - サプリで糖尿病の食事を...
糖尿病は治るのか。食事制限してもダメだった私が、糖対策サプリを徹底検証。結果はコチラ。ヘモグロビンA1cに悩んでいた私が実践！高血糖や糖尿病予防で人気のイヌリンを徹底レビュー。糖が気になる方に・6つの低糖サポート成分・インスリンの働きを活発に。
関連キーワード
糖尿病 予防 サプリ 市販
1型糖尿病 飲んではいけないサプリメント

スマホ
Google
糖尿病 原因
すべて
ニュース
画像
ショッピング
動画
スポンサー
【最新版】糖尿病の原因と対策法 - 自覚症状が出る前にチェック
知ってるようで、ほんとは知らない？ 糖尿病の原因と対策法をわかりやすく解説。気づかない初期症状。
糖尿病の本当の原因とは？
原因（4コマ解説）

ディスプレイ広告

ブログやニュースサイトなどWebサイト、Gmail、スマホアプリに表示される広告で、テキスト、画像、動画のいずれかを表示します。検索結果などに関係なく、サイトの枠内に表示しますが、詳細なターゲティングも可能です。

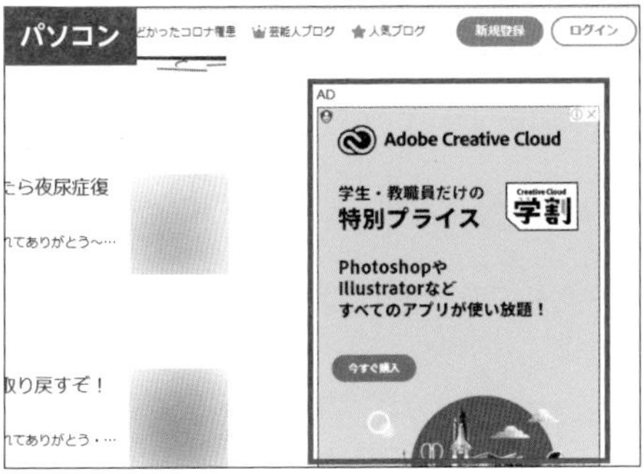

ショッピング広告

パソコンおよびスマホの検索結果に対して表示される広告で、最も上に表示されます。クリックすると、Google内部の商品一覧ページが表示され、そこから自サイトに誘導します。ターゲットを絞り込んでから自サイトに誘導できるのがメリットです。

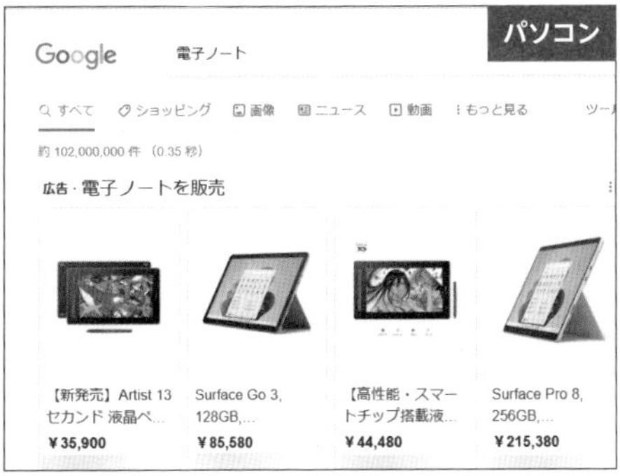

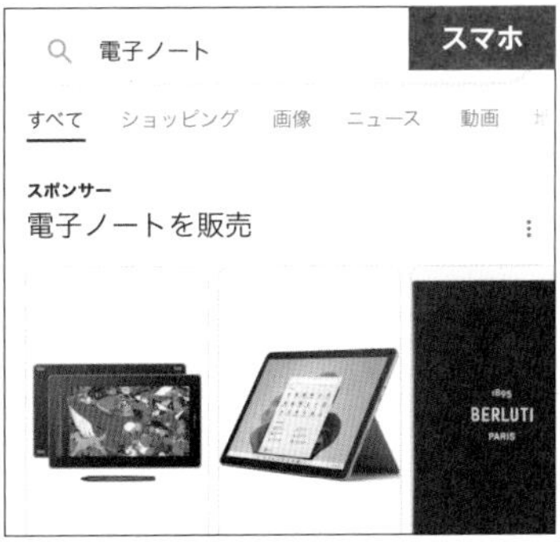

MEMO

そのほかのGoogle広告

Google広告は、ここに挙げた3つとYouTube広告が主力ですが、レスポンシブ広告もよく利用されます。これは、広告のサイズや表示方法などが自動調整されるもので、表示場所によって見え方が変わります。たとえば、ある場所ではテキスト広告、ほかの場所ではイメージ広告となるわけです。

Section 005 収益化の条件とは

動画の前後または途中に再生される動画広告から収益を得るためには、YouTubeパートナープログラムに参加する必要があります。参加するには条件を満たす必要があるのですが、どんな条件なのかを見ていきましょう。

YouTubeパートナープログラムの参加条件

YouTubeパートナープログラムに参加するためには、6つの条件をすべて満たさねばなりません。

①チャンネル登録者数が1000人以上

動画のジャンルによっては、そもそも興味を持つ人が少ないものもあります。収益化を目指しているのであれば、「どのジャンルが再生されやすいか」「再生回数を伸ばすのに、どういう手段を取るのか」など十分調査・検討するべきです。

登録者数を増やすためにどのような手段を採用すべきかは、本書の記述範囲を超えるので割愛します。小手先のテクニックを1つ挙げるなら、動画内で「チャンネル登録をお願いします」と、視聴者に依頼すると意外と効果があります。これに加え、高評価やコメントの投稿も依頼すると、おすすめ動画に表示されやすくなり、結果的にチャンネル登録者数の増加につながります。

②総再生時間が直近12カ月で4000時間以上

12カ月で4000時間の再生時間ということは、平均すると1カ月2万分の再生時間が必要です。単純化のため、視聴者が1000人だとすると、10分の動画を月に2本出せばいいことになります。ただ、動画を最初から最後まで見る人は少ないので、平均して全視聴者が動画の1/5を視聴すると仮定すると、月に10本公開しなければなりません。

一般的に、ある程度の長さの動画を作り、視聴者が飽きないようなしかけをして離脱率を低くすれば、総再生時間を稼ぎやすいといえます。自分のチャンネルでは、どのくらいの長さで、どのようなしかけだと離脱率が低くなるのかは、やってみないとわかりません。チャンネルアナリティクスを参照しつつ、動画を制作・公開するペースを決めていきましょう。

③YouTubeのチャンネル収益化ポリシーを遵守している

チャンネル収益化ポリシーについては、以下のページに詳しく解説されています。

●YouTubeのチャンネル収益化ポリシー
https://support.google.com/youtube/answer/1311392

ここでのポリシーに含まれる内容としては、YouTubeのコミュニティガイドライン、利用規約、著作権、Google AdSenseプログラムポリシー、広告掲載に適したコンテンツのガイドラインがあります。

YouTubeのコミュニティガイドラインについては、次の項目と併せて解説します。利用規約はやや複雑なので、以下のページを参照してください。

●利用規約
https://www.youtube.com/static?template=terms

著作権については、自分が作ったもの以外は、許可を得てから動画に使用するのが基本と考えてください。ただし、自由に使える音楽や写真を有償または無償で配布しているサイトがあるので、利用したい場合は、素材を配布しているサイトの注意をよく確認しましょう。

AdSenseのプログラムポリシーは、不正な操作で広告料を増やすことを禁じるなど、広告に関する事項を定めています。詳しくは、以下のページを参照してください。

●AdSenseプログラムポリシー
https://support.google.com/adsense/answer/48182

なお、著作権以外にもいろいろな権利が存在し、動画制作時には配慮が必要です。人物については肖像権、デザイン性の高い建物については意匠権、屋内なら施設管理権が存在するなど、自分で撮影するならなんでも許されるわけではありません。撮影前に権利を持つ人に許可を得るのが原則です。

④コミュニティガイドラインの違反警告がない

コミュニティガイドラインは、YouTubeで公開する動画の詳細について定めたルールです。これに違反した動画は削除されることがあります。

どんな動画の投稿が禁止されているか、次の表に種類ごとに簡単にまとめておきます。

●YouTubeの動画で禁止されること

スパムと欺瞞行為	
虚偽のエンゲージメント	自動的か、あるいは手動かを問わず、視聴回数や高評価数、チャンネル登録者数などを人為的に増やすこと。
なりすまし	他人になりすました動画、別のチャンネルと紛らわしい名前やプロフィールなどを公開すること。
外部リンク	このガイドラインに違反する内容のサイトへのリンクを含むこと。たとえば、ポルノサイト、マルウエアのインストールさせるサイト、違法に動画や音楽やゲームを取得する情報を提供するサイトなどへのリンクを含めること。
スパム、欺瞞行為、詐欺	何度も同じ動画を投稿したり、繰り返しが多い動画や詐欺的な内容の動画を投稿したりすること。ほかのサイトで何かの情報を見せると動画内で約束して、そこに誘導すること。
再生リスト	このガイドラインに違反するサムネイルやタイトル、内容を含む再生リスト。個々の動画はガイドラインに違反していないが、違反する結果を想定した再生リスト。
デリケートなコンテンツ	
子供の安全	未成年者を性的に扱ったり、未成年者に危険な行為を助長したり、精神的な苦痛を与える可能性があったりする内容。嫌がらせやいじめを含みます。
サムネイル	性的な画像、ショックや不快感を与えることを目的とした画像、出血や骨折など不快な描写を含む画像、下品な言葉や視聴者を誤解させる画像をサムネイルに使うこと。
ヌードと性的なコンテンツ	着衣かどうかを問わず、性的満足を目的とした性器、胸部、臀部を見せること。性的満足を目的とした性的嗜好の描写。
自殺と自傷行為	自殺や自傷行為を助長する内容や、視聴者に不快感を与える内容を含むこと。
下品な表現	露骨な性的表現、過剰に冒涜的な内容、過度に性的な音声の使用を含むこと。
暴力的または危険なコンテンツ	
ハラスメントやネットいじめ	生来の属性について長期に及ぶ中傷や、人種差別的表現など悪意のある侮辱を行う内容、未成年者を辱めたり、欺いたり、侮辱したりすることを目的とする内容を含むこと。なお、政府関係者や大企業のCEOに関する話題、台本のある風刺劇やコント、音楽などを除きます。
有害または危険なコンテンツ	非常に危険なチャレンジや危険な悪戯を表現したもの、人に危害を加える方法を教える内容、ドラッグの使用や作成方法の解説、窃盗やハッキングの方法の解説、本来有料の音声や映像コンテンツ、ゲーム、アプリなどを無料で入手する方法の解説を含むこと。
ヘイトスピーチ	次の特性に基づいて、個人や集団への暴力や差別を助長する内容を含むこと。年齢、社会的階層、障害、民族、性同一性、国籍、人種、在留資格、宗教、性別・ジェンダー、性的指向、暴力の被害者であることなど。
暴力犯罪組織	暴力的な主義を掲げる人や組織を称賛、宣伝、支援を目的とすること。

暴力的で生々しいコンテンツ	視聴者に衝撃や不快感を与えることを目的とした暴力的な内容、あるいは暴力行為を促す内容を含むこと。人間同士の暴力行為だけでなく、動物虐待を含む動画も禁止されます。
規制品	
銃火器	銃器の販売、銃器・弾薬・銃器のアクセサリの作り方や使い方を解説すること。
違法または規制対象の商品やサービスの販売	以下に挙げる規制対象の商品やサービスを販売したり利用を促進したりする内容を含むこと。酒、銀行口座、偽造通貨、麻薬などの規制薬物、爆発物、臓器、絶滅危惧種の動物、タバコ関連製品、処方箋なしの医薬、性的サービス、人身売買など。
誤った情報	
誤った情報	国勢調査を妨害する内容、視聴者の誤解を招くように改ざんされた内容、危険な物質や治療法の宣伝、安全な医療行為だと専門家の間で広く合意されている内容と矛盾する内容を含むこと。
選挙の誤った情報	投票を妨害する内容、選挙候補者の被選挙権について誤った主張を助長する内容、不正に入手され、公開されると民主的な手続きを妨げる可能性のある内容、過去の選挙に対して正当性を疑う内容を含むこと。
COVID-19（新型コロナウイルス感染症）の医学的に誤った情報	WHOや各国の公衆衛生当局が提供するCOVID-19関連の医学情報と矛盾した内容を含むこと。

詳細は以下のページを参照してください。

●コミュニティガイドライン

https://www.youtube.com/howyoutubeworks/policies/community-guidelines/

⑤AdSenseアカウントを持っている

AdSenseアカウントを持っていなければ、220ページを参照して、アカウントを作成してください。

⑥YouTubeパートナープログラムの利用可能な国に住んでいる

日本では、YouTubeパートナープログラムが利用可能なので、とくに何かをする必要はありません。

Section 006 広告掲載以外で収益を得る方法

YouTubeに動画を投稿して収益を得る方法は、広告を掲載して広告料の一部をもらう以外にもいろいろあります。中には、広告からの収益以上に利益が上がる方法もあるので、自分に合ったものがないか検討してみましょう。

YouTubeパートナープログラムを利用する

動画を投稿して収益を得たい場合、動画の前後や途中に動画広告を掲載する方法がいちばん簡単でしょう。収益化して多くの視聴者を集め、チャンネル登録者数を増やし、動画視聴時間を長くすれば、基本的に収益は増えるはずです。しかし、動画のジャンルによっては、視聴者を増やすのが難しいこともあります。また、YouTube内での競争は年々激化しており、新しく参加したチャンネルが登録者数や視聴時間を伸ばす難易度は高くなってきています。

動画広告に頼り切らないためにも、可能な範囲で自分で収益の幅を広げていくことを考えましょう。YouTubeパートナープログラムでは、動画広告以外に収益を上げる方法がいくつか提供されています。

チャンネルメンバーシップ

YouTubeで動画広告以外に収益を増やす方法のうち、最も簡単なのがこのメンバーシップです。自分のチャンネルに有料会員（メンバー）の制度を作るもので、毎月90円から1万2000円まで19段階の中から選ぶことができます。メンバーに提供するための特典を用意する必要があります。特典としては、メンバー限定の動画やライブ配信、絵文字などが一般的です。

❶ メンバーシップを利用するには、動画再生画面などで「メンバーになる」をクリックします。

❷ メンバーシップの金額と特典が表示されます。いずれかのメンバーシップを購入すると、それより下位の特典はすべて利用できます。このチャンネルでは、90円から1790円までの5段階が提供されていますが、何種類のメンバーシップを提供するかは、チャンネルによって異なります。

Super Chat

ライブ配信を行っているのであれば、Super Chatは設定しておくといいでしょう。ファンからの「投げ銭」を期待できます。投稿者によっては、Super Chat付きのチャットコメントを優先的に読み上げて、Super Chatを行う動機付けをしている場合もあります。

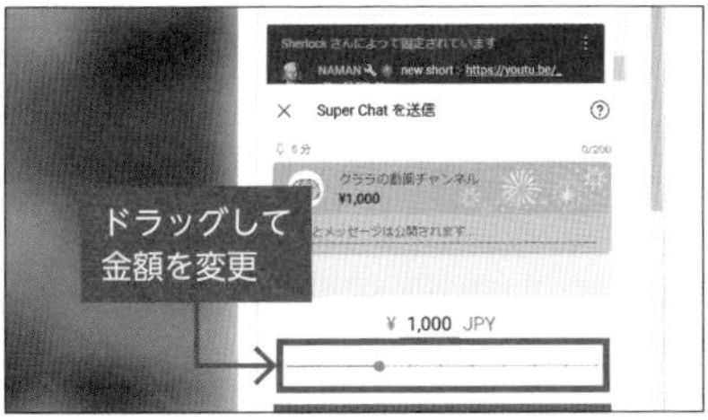

Super Sticker

Super Stickerもライブ配信で使える「投げ銭」機能ですが、これはコメント文を必要としません。なお、使えるジャンルは限られています。

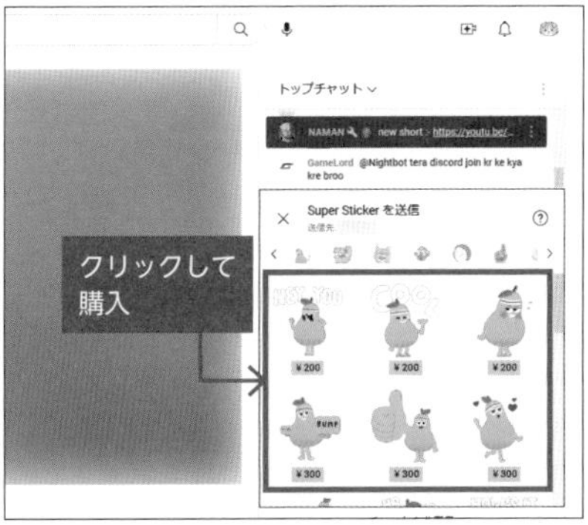

Super Thanks

Super Thanksはライブ配信ではなく、通常の動画で「投げ銭」を受け取る機能です。この機能を使うと、コメントがほかの視聴者とは異なる色使いになります。

YouTubeパートナープログラム以外で収益を得る

チャンネル登録者数が1000人未満でYouTubeパートナープログラムへの参加が認められなくても、ほかの方法で収益を上げる方法があります。

●記事執筆、講演、セミナー

動画で扱っているジャンルに詳しい人なら、まず関連書籍やネットニュースなどの記事執筆、あるいは講演の依頼が考えられます。ジャンルによっては、有料セミナーを主催することも検討してもいいでしょう。

●有料メルマガ、会員制サイト

情報を有料で販売したいなら、有料メルマガや会員制サイトの活用が早道です。メルマガ配信サイト「まぐまぐ」では有料メルマガの発行が簡単にできます。また、Webサービスの「note」はクリエイター向けに記事を有料配信するサービスを提供しています。

●オンラインサロン

「集客力がある」「クローズドな場で売りたいものがある」「人を集めるアイデアを持っている」などの条件に当てはまれば、オンラインサロンも検討してみましょう。活用方法次第では、有名人でなくても収益につなげることができます。

●グッズ販売、LINEスタンプ販売

投稿者自身の人気で視聴者を集めることができるなら、グッズ販売も検討したいところです。Tシャツやパーカー、マグカップなどが一般的です。また、LINEスタンプを作成して販売すれば、手軽に収益を上げられます。

●タイアップ

メーカーなどから報酬をもらって商品を動画内で紹介する手法です。広告のルールを知っておき、怪しい依頼に引っかからないようにするなど、注意点はありますが、それさえクリアできれば、大幅に収益を増やすことができます。

●アフィリエイト

アフィリエイトは、特定のURLを経由して商品販売サイトで購入した人がいれば、報酬を受け取ることができるシステムです。なお、アフィリエイト・プロバイダーによってはYouTubeでの活動を禁止していることもあります。

●実店舗への誘導

すでに実店舗でなんらかのビジネスを行っている場合、そちらの情報へのリンクを貼ったり、動画内で紹介したりすることで誘導できます。

第10章

疑問やトラブルを解決する

Section 001 興味のない動画が表示されるのを防ぐには？

YouTubeトップページのおすすめ動画や再生中の動画の関連動画に、興味のない動画が繰り返し表示されることがあります。気になる場合は、その動画が表示されないように、自分で設定しましょう。

「興味なし」またはチャンネルごと非表示に

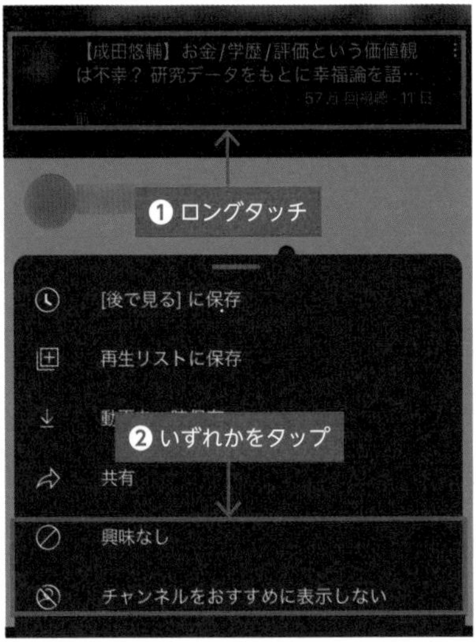

興味のない動画が少なくなるようにするには、非表示にしたい動画に対して「興味なし」または「チャンネルをおすすめに表示しない」のいずれかを選択する必要があります。「興味なし」を選択すると、その動画がおすすめに表示されなくなり、「チャンネルをおすすめに表示しない」を選択すると、そのチャンネルの動画はすべてが表示されなくなります。

スマホでは、その動画のタイトルをロングタッチして、表示されたメニューから「興味なし」または「チャンネルをおすすめに表示しない」をタップします。

パソコンでは、動画タイトルの右にある「⋮」をクリックして「興味なし」または「チャンネルをおすすめに表示しない」をクリックします。

Section 002 登録したチャンネルや再生リストを秘密にしたい

登録したチャンネルや再生リストは、ほかのユーザーに対して表示するかどうかを選択できます。デフォルトでは非表示になっていますが、誤操作などで表示されていないか確認してみましょう。

登録チャンネルと保存した再生リストを非公開に

❶ YouTubeのトップページで、右上の自分のアイコンをクリックして、メニューの「設定」をクリックします。

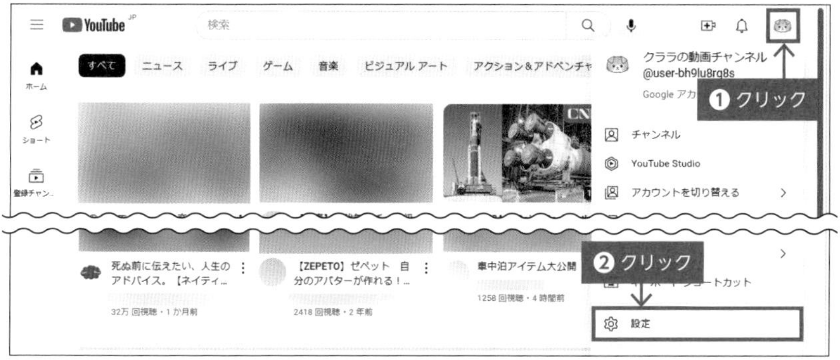

❷「設定」ページが表示されるので、「プライバシー」をクリックして、「再生リストと登録チャンネル」のスイッチがいずれもオンになっているのを確認します。もしオフになっていれば、クリックしてオンにします。

Section 003 再生できない動画がある！

動画が削除されていないのに再生できない現象は、音楽や映画などのコンテンツを含む場合に見られます。そういう動画を視聴したいときは、VPNというしくみを使って海外を経由してアクセスしてみましょう。

パソコンでVPNを利用する

❶「動画を再生できません」に続いて、「この動画には～ブロックされています」と表示されていれば、VPNを使うことで視聴できる可能性があります。パソコンでVPNを利用するには、「Touch VPN」というChrome用拡張機能が便利です。Chromeウェブストアからダウンロードしてインストールしておきます。

●Touch VPN - 無料のVPNとプロキシ
https://chrome.google.com/webstore/detail/touch-vpn-secure-and-unli/bihmplhobchoageeokmgbdihknkjbknd

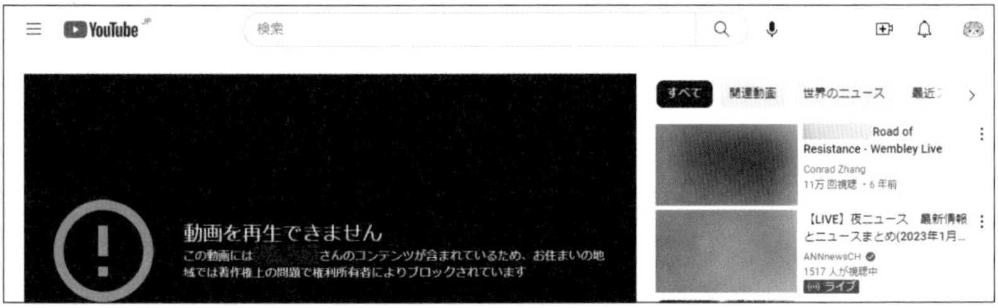

❷VPNを利用するには、ブラウザのURL欄の右にある拡張機能のアイコンから「Touch VPN」のアイコンをクリックし、表示されたウィンドウで「Connect」をクリックします。

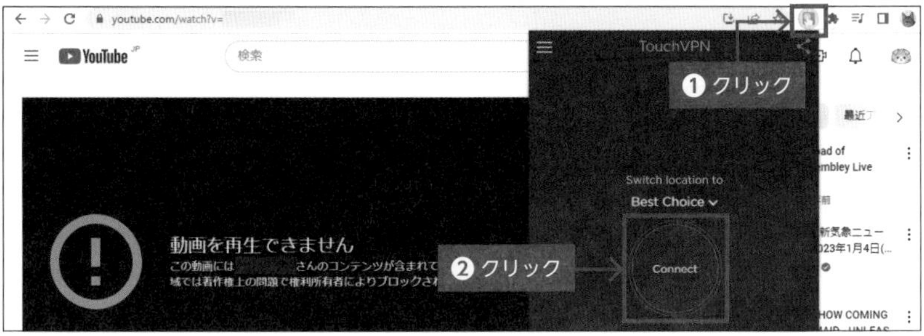

❸ 動画の再生ページを再読み込みすれば、表示されるはずです。VPNをオフにするには同じアイコンをクリックして「Stop」をクリックします。

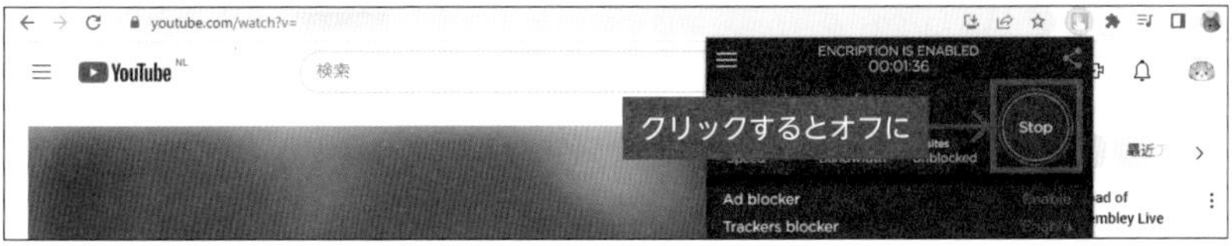

スマホでVPNを利用する

❶ スマホでVPNを利用したい場合は、「TunnelBear」というアプリが便利です。iPhoneおよびAndroidスマホの両方に対応しています。アプリをインストールして起動したら、「無料アカウントを作成」をタップして、アカウントを作成し、ログインしておきます。

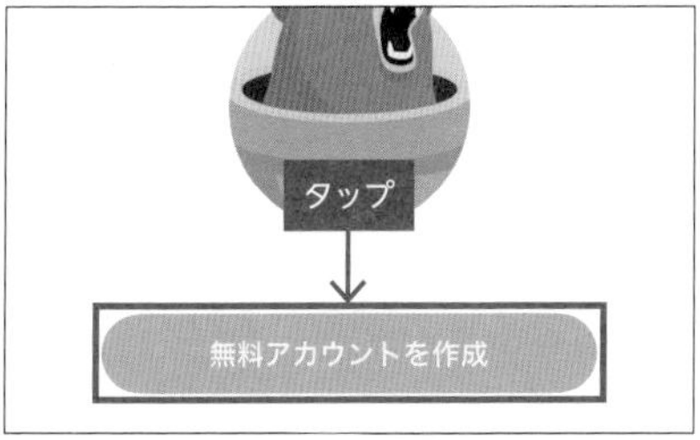

❷ グレーの地図の中央に日本が表示されます。米国経由でのアクセスに変更したい場合は、左にフリックして地図上に米国を表示します。

❸ 地図で米国が表示できたら、地図上のアイコンをタップします。

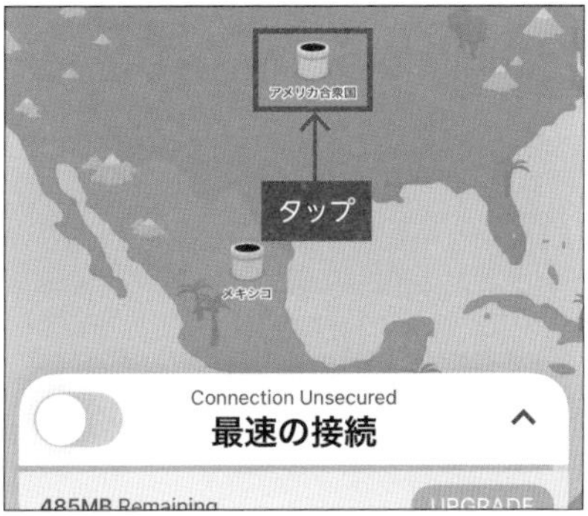

❹ すると、地図がカラーに変化し、VPNが有効になったことを表します。オフにしたいときは画面下のスイッチをタップします。無料プランでは、月間500MBまでしか使えないので、不要なときはオフにしておきましょう。

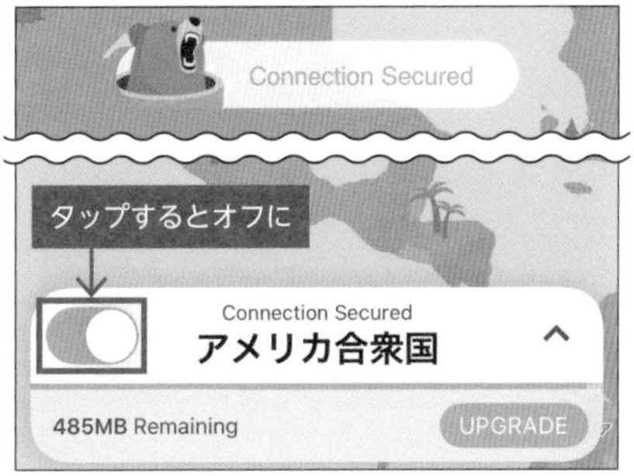

Section 004 YouTubeからの通知が多くてうっとうしい！

YouTubeからの通知には、いろいろな種類があります。そのため、うっとうしく感じることもあるでしょう。そんなときは、不要な通知をオフにして、通知の数を減らしましょう。

パソコンで通知を減らす

❶ 右上のベル型アイコンをクリックし、続けて歯車型アイコンをクリックします。

❷「通知」画面が表示されたら、不要な通知をクリックしてオフにしていきます。まずブラウザからの通知をオフにします。

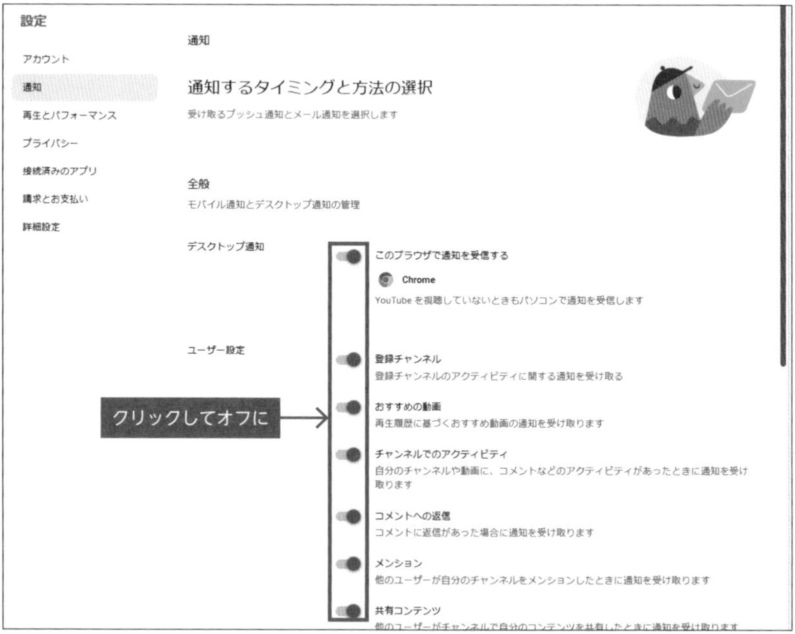

❸ さらに下にスクロールすると、メールで届く通知の設定が表示されるので、不要な通知をクリックしてオフにします。

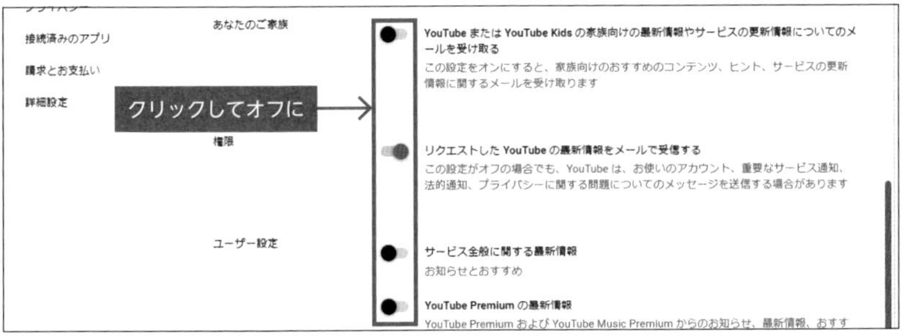

スマホで通知を減らす

❶ YouTubeアプリの右上にある自分のアイコンをタップします。

❷ 次の画面で、下にある「設定」をタップします。

❸「設定」画面が表示されるので、「通知」をタップします。

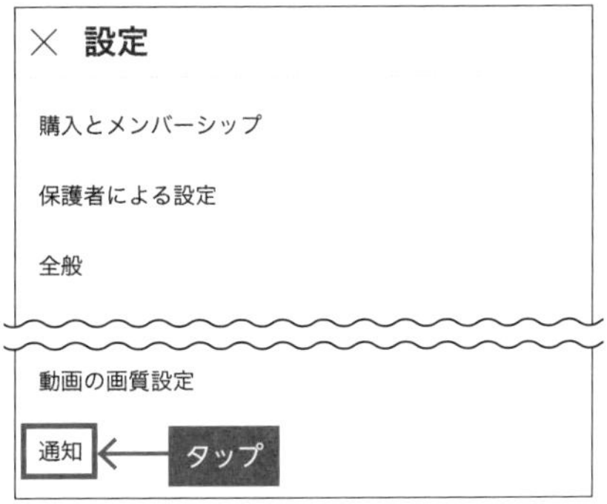

❹ 通知項目が表示されるので、不要な通知をタップしてオフにします。

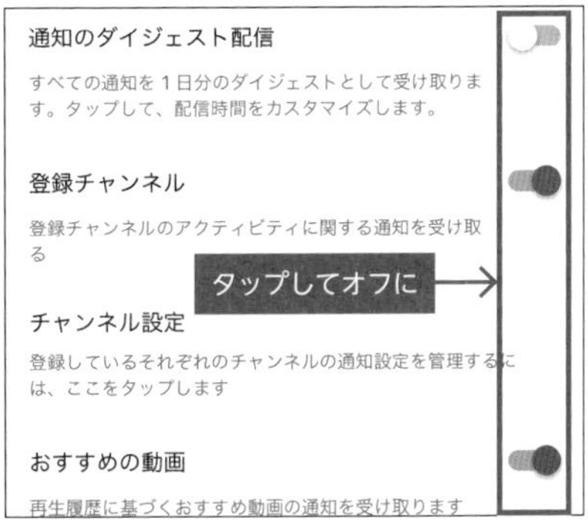

Section 005 自分の動画に評価の数を表示したくない

高評価の数を表示したくないときは、評価の表示を無効にしましょう。動画ごとに設定できるので、ある動画は高評価の数を表示し、ほかの動画では非表示にするということも可能です。

動画ごとに設定する

❶ YouTube Studioの「チャンネルのコンテンツ」画面で、高評価を表示したくない動画にマウスポインターを合わせて鉛筆型アイコンをクリックします。

❷「動画の詳細」画面が表示されたら、下までスクロールして「すべて表示」をクリックし、「この動画を高く評価した視聴者の数を表示する」をクリックしてチェックを外し、右上の「保存」をクリックします。

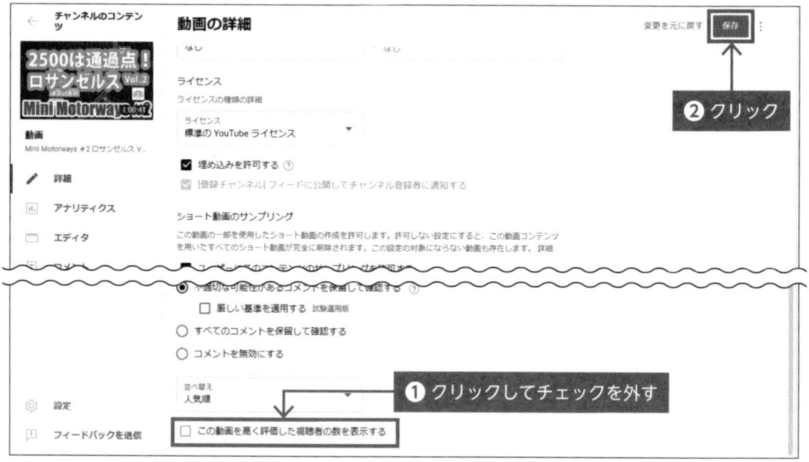

Section 006 ブログに動画を貼り付けたい

YouTubeの動画を自分のブログで再生できるようにするには、YouTubeの共有機能を使います。自分のブログが対応していれば、簡単に貼り付けることが可能です。もし非対応なら、埋め込み用コードを使いましょう。

ブログが非対応なら埋め込み用のコードを使う

❶ 貼り付けたい動画の再生ページで「共有」をクリックすると、下の画面が表示されます。自分のブログが右側に表示されていれば、そのアイコンをクリックしてログインし、画面の指示にしたがいます。もし右側に表示されていなければ、「埋め込む」をクリックします。

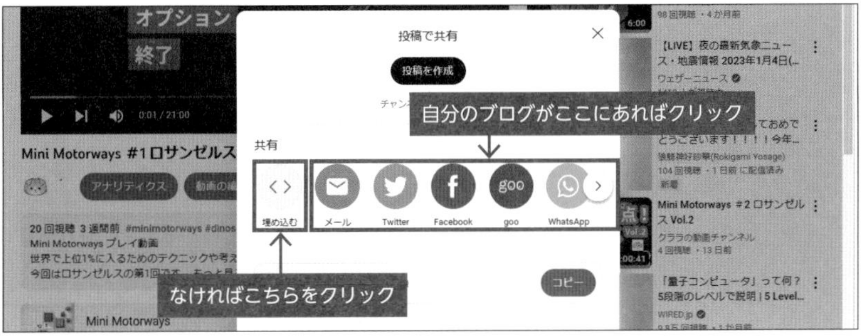

❷ HTMLのコードが表示されるので、右下の「コピー」をクリックしてコードをコピーします。あとは、自分のブログの編集画面に貼り付ければOKです。なお、コードの貼り付け方はブログのヘルプを参照してください。

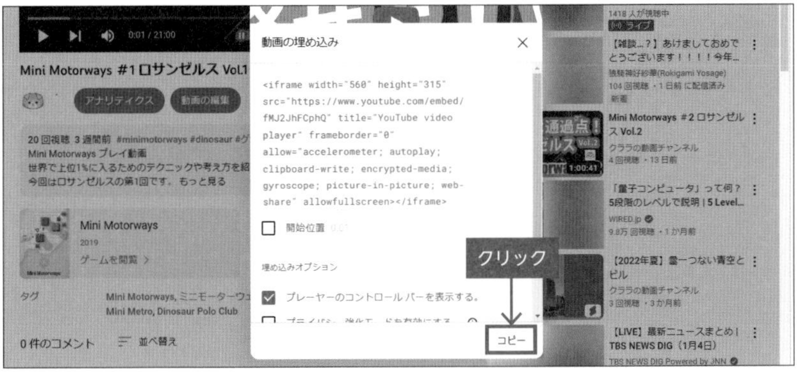

Section 007 プレゼン風の動画を作成したい

プレゼンのように、スライドをめくりながら喋ったものを動画として記録する方法はいくつかあります。ここでは、PowerPointで作成したプレゼンをOBS Studioで録画する方法を紹介します。

PowerPointをOBS Studioでキャプチャする

❶ 動画にしたいプレゼン用ファイルをPowerPointで開き、「スライドショー」タブをクリックします。「スライドショーの設定」をクリックすると、「スライドショーの設定」画面が表示されるので、「出席者として閲覧する」を選択して、「OK」をクリックします。

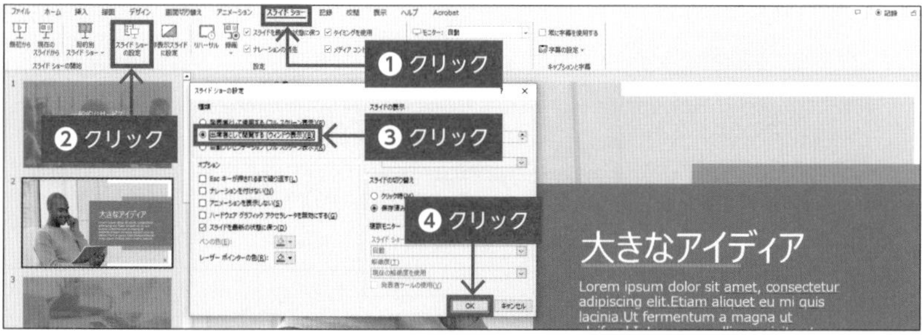

❷ OBS Studioを起動して、「ソース」ペインの下の「+」をクリックし、「ウィンドウキャプチャ」を選択します。

❸「ソース を作成/選択」画面が表示されたら「OK」をクリックします。「新規作成」の下の名前は、わかりやすくなるように変更してもかまいません。

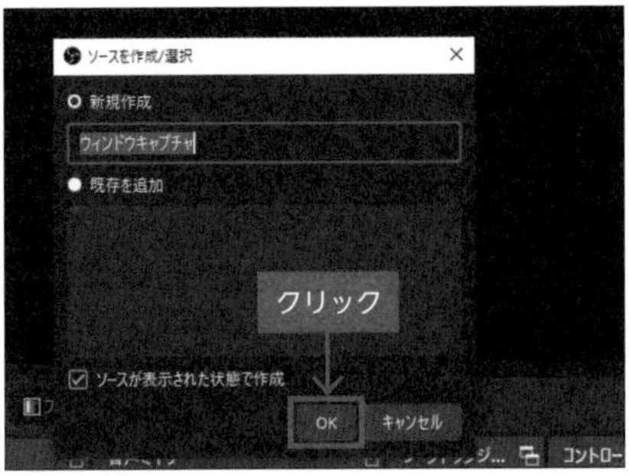

❹「ウィンドウキャプチャのプロパティ」画面の「ウィンドウ」のリストをクリックし、PowerPointのウィンドウ上部に書かれている名前を選択します。

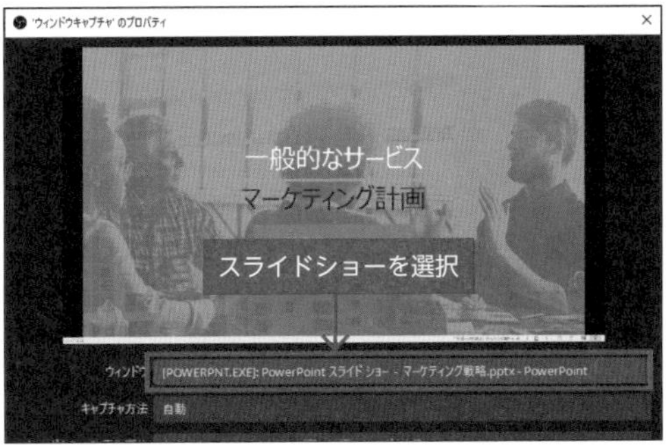

❺ OBS Studioのメイン画面で、PowerPointの画面が正しく表示されるようにドラッグして位置を調整し、四隅のハンドルをドラッグしてサイズを変更します。調整できたら、「録画開始」をクリックします。

Section 008 複数のメンバーでチャンネルを運営したい

友人や同僚などと一緒に動画を制作し、チャンネルを運営するケースもあるでしょう。チャンネル運営の作業を分担するには、関係者にYouTube Studioにアクセスできる権限を付与しておくと便利です。

協力者のGoogleアカウントに権限を設定する

チャンネルの管理画面へのアクセス権は、Googleアカウントに対して付与されます。そのため、協力者がGoogleアカウントを持っていない場合は、あらかじめ作成してもらいます。

❶ YouTube Studioの「設定」をクリックし、「設定」画面を表示します。次に「権限」をクリックして、右上の「招待」をクリックします。

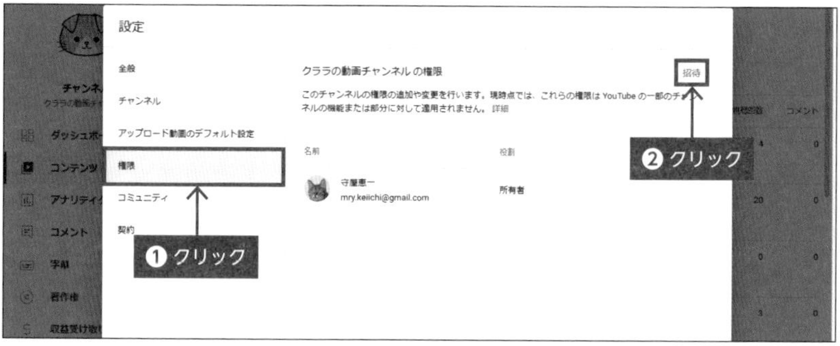

❷「メール」に協力者のGoogleアカウント（メールアドレス）を入力し、「アクセス権」から適切な権限を選択して「完了」をクリックします。

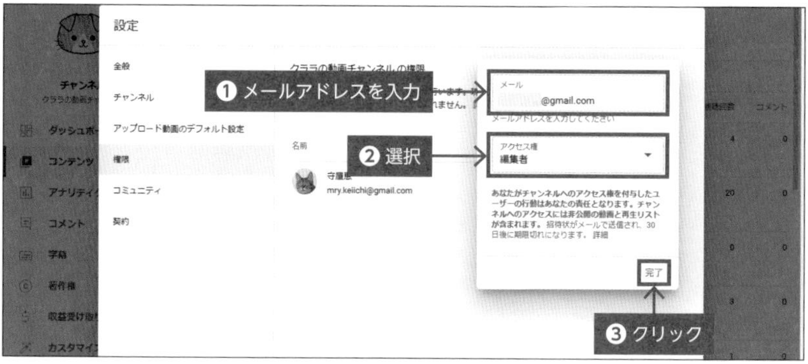

❸ 協力者のメールアドレスに以下のようなメールが届くので、「招待を承諾」をクリックしてYouTubeにログインしてもらいます。

❹ 協力者がYouTubeにログインし、右上の自分のアイコンをクリックします。すると、自分のアカウントの下に招待したチャンネル名が表示されているはずなので、それをクリックします。

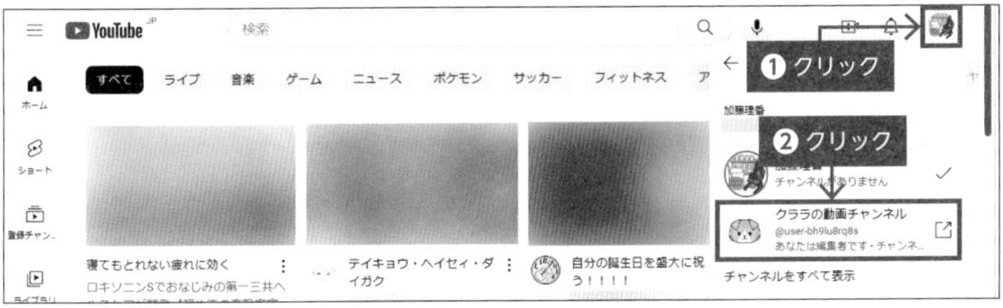

❺ YouTube Studioが表示されます。右上には、手順❷で設定した権限でアクセスしていることが表示されます。

Section 009 顔出し・声出しなしで動画を作成したい

顔を出して自分の声を収録することでメリットはありますが、一方で投稿者・出演者が誰であるかがわかってしまうリスクがあります。匿名で投稿したい場合、どういう方法があるでしょうか。

アバターを使えば顔出し不要

顔を出すことによって、視聴者にとって親近感や安心感を抱かせることができます。容姿が優れていれば、それだけで視聴者の増加も見込めます。しかし、知人や家族などに隠して投稿している場合、バレてしまう可能性があります。それを避けたいなら、自分の分身となるキャラクターとしてアバターを使うといいでしょう。

アバターには、静止画のみのものと、自分の顔の動きに応じてリアルタイムに動くものがあります。

●Anichara

https://designalikie.com/anichara/

アニメキャラター風のアバターを作成できます。作れるのは静止画のみです。

■無料

●Animaze by FaceRig

https://www.animaze.us

パソコンのWebカメラを使って、リアルタイムで自分の表情をアバターで表現できます。

■無料／月額3.99米ドル～

●ZEPETO

スマホアプリの「ZEPETO」は、YouTube向けではありませんが、工夫することでYouTube動画にも使用できます。

■無料

音声合成ソフトで聞きやすく

声に自信がなければ、音声合成ソフトを使ってみてもいいでしょう。細かく調整しようとすると面倒ですが、調整しなくても自分で喋るのを録音するより、聞きやすくなることがあります。

●VOICEVOX
https://voicevox.hiroshiba.jp
キャラクターが多数用意されており、抑揚の調整もできます。収益化したチャンネルでも利用可能です。
■無料

●CoeFont
https://coefont.cloud/
多数の音声データの中から、好きな声を選んで喋らせることができます。
■無料／月額500円～

●棒読みちゃん
https://chi.usamimi.info/Program/Application/BouyomiChan/
いわゆる「ゆっくり」音声を利用することができます。
■無料

●音読さん
https://ondoku3.com/ja/
聞きやすい音声で、高品質な読み上げ結果を得ることができます。
■月額1078円～

●VOICEPEAK 商用可能　6ナレーターセット
https://www.ah-soft.com/voice/6nare/
ナレーションに向いた男女6名＋少女の声を提供しています。ちょっと高価ですが、安定した音声を得られます。
■2万3800円（ダウンロード版）～

■著者プロフィール

守屋恵一（もりやけいいち）

岡山県出身。テクニカルライター。塾講師を経て、パソコンやネット関係の雑誌記事執筆をきっかけに出版に関わるようになる。これまでパソコン・スマホ・ネット関係だけで300冊近いムックや書籍を構成・編集・執筆し、関わった本の総ページ数は数万に及ぶ。YouTubeに蓄積される情報の活用方法を探るのが最近の課題。

Twitter: @moriyakeiichi　Web: https://note.com/moriyakeiichi

■本書サポートページ

https://gihyo.jp/book/2023/978-4-297-13429-7

本書記載の情報の修正／訂正については、当該Webページで行います。

カバーデザイン●井上新八

本文デザイン●トップスタジオデザイン室（阿保裕美）

DTP●株式会社トップスタジオ

校正●宮川 咲

担当●小竹香里

YouTube《ユーチューブ》活用大全《かつようたいぜん》

～使《つか》い方《かた》を広《ひろ》げて楽《たの》しもう

2023年 3月31日　初　版　第1刷発行

2023年 5月31日　初　版　第2刷発行

著　者　守屋《もりや》 恵一《けいいち》

発行者　片岡　巌

発行所　株式会社技術評論社

東京都新宿区市谷左内町21-13

電話　03-3513-6150　販売促進部

03-3513-6177　第5編集部

印刷・製本　日経印刷株式会社

定価はカバーに表示してあります。

ISBN978-4-297-13429-7 C3055

Printed in Japan

■お問い合わせについて

本書に関するご質問については、記載内容についてのみとさせて頂きます。本書の内容以外のご質問には一切お答えできませんので、あらかじめご承知おきください。また、お電話でのご質問は受け付けておりませんので、書面またはFAX、弊社Webサイトのお問い合わせフォームをご利用ください。

なお、ご質問の際には、「書籍名」と「該当ページ番号」、「お客様のパソコンなどの動作環境」、「お名前とご連絡先」を明記してください。

〒162-0846

東京都新宿区市谷左内町21-13

株式会社技術評論社

『YouTube活用大全 ～使い方を広げて楽しもう』係

FAX：03-3513-6173

URL：https://book.gihyo.jp

お送りいただきましたご質問には、できる限り迅速にお答えをするよう努力しておりますが、ご質問の内容によってはお答えするまでに、お時間をいただくこともございます。回答の期日をご指定いただいても、ご希望にお応えできかねる場合もありますので、あらかじめご了承ください。

ご質問の際に記載いただいた個人情報は質問の返答以外の目的には使用いたしません。また、質問の返答後は速やかに破棄させていただきます。